安全生产"谨"上添花图文知识系列手册

全民公共安全知识宣传教育手册

东方文慧　中国安全生产科学研究院　编

中国劳动社会保障出版社

图书在版编目(CIP)数据

全民公共安全知识宣传教育手册/东方文慧 中国安全生产科学研究院编. —北京：中国劳动社会保障出版社，2012

安全生产"谨"上添花图文知识系列手册

ISBN 978-7-5045-9572-0

Ⅰ. ①全… Ⅱ. ①东…②中… Ⅲ. ①公共安全-安全教育-手册 Ⅳ. ①X956-62

中国版本图书馆 CIP 数据核字(2012)第 029703 号

中国劳动社会保障出版社出版发行
(北京市惠新东街1号 邮政编码：100029)
出版人：张梦欣
*
北京市艺辉印刷有限公司印刷装订 新华书店经销
880毫米×1230毫米 32开本 4.875印张 102千字
2012年3月第1版 2024年5月第15次印刷
定价：20.00元
营销中心电话：400-606-6496
出版社网址：http://www.class.com.cn

版权专有 侵权必究

如有印装差错，请与本社联系调换：(010) 81211666
我社将与版权执法机关配合，大力打击盗印、销售和使用盗版图书活动，敬请广大读者协助举报，经查实将给予举报者奖励。
举报电话：(010) 64954652

编委会名单

马卫国　张　宇　武　超　柴继昶　崔昊阳

孙旭东　代翔潇　吴志林　温圣荣　王晓波

于海跃　谷金平　于长柱　李　涛　王晓红

李宏芬　王　雷　王　君　田永辉　张继杰

序

　　生产经营单位发生的大量事故，促使人们探求事故发生的原因及规律，建立事故发生的模型，以指导事故的预防，减少或避免事故的发生，于是就有了事故致因理论。

　　各种事故致因理论几乎都有一个共识：人的不安全行为与物的不安全状态是事故的直接原因。无知者无畏，不知道危险是最大的危险。人为失误、违章操作是安全生产的大敌。有资料表明，工矿企业80%以上的事故是由于违章引起的。因此，即使在现有的设备设施状况、作业环境、管理水平下，如果大幅度减少违章，安全生产状况也会有显著改善。

　　作业人员的遵章守纪，是安全生产的重要前提之一，其重要性不言而喻。企业员工要具备与自己的工作岗位相适应的生理、心理与行为条件，要具有熟练的操作技能，还应具备故障监测与排除、事故辨识与应急操作、事故应急救援等技能。这就是打造所谓"本质安全人"的基本要求，这也是企业面临的重要而艰巨的任务。

　　多年来，东方文慧为"本质安全人"奉献了大量优秀的安全文化产品。新年伊始，又策划出版了"安全生产'谨'上添花图文知识系列手册"，这是一件十分有意义的事情。通过安全生产知识的学习，对提高广大员工的安全素质将会起到重要作用。

系列手册包括了《安全生产基础知识宣传教育手册》《作业现场安全知识宣传教育手册》《消防安全知识宣传教育手册》《全民公共安全知识宣传教育手册》《员工安全行为规范宣传教育手册》5个分册，内容翔实，图文并茂，通俗易懂，是企事业单位安全生产培训与宣教以及职工自主学习的优秀资源。

我相信，系列手册的出版将会为企业的安全生产增砖添瓦。我愿意将系列手册推荐给广大职工，同时将我的祝福送给各位朋友：平安相随，幸福相伴！

赵云胜

2012年2月20日

目 录

第一章 了解自然灾害 做到防灾减灾 … 1

第一节 地质灾害与应对措施 … 1
一、泥石流灾害与应对措施 … 1
二、滑坡灾害与应对措施 … 3
三、崩塌灾害与应对措施 … 4
四、地震灾害与应对措施 … 5
五、山洪灾害与应对措施 … 10

第二节 气象灾害与应对措施 … 12
一、高温灾害与应对措施 … 12
二、大风灾害与应对措施 … 13
三、沙尘暴灾害与应对措施 … 15
四、暴雨灾害与应对措施 … 16
五、雷击灾害与应对措施 … 17
六、大雾灾害与应对措施 … 19
七、冰雪灾害与应对措施 … 20
八、海啸灾害与应对措施 … 21

第二章　学习交通常识　保障出行安全 …………………… 24

第一节　常用交通安全常识 ………………………………… 24

一、什么是交通安全设施？ ……………………………… 24

二、什么是道路交通标志？ ……………………………… 24

三、道路交通标志如何分类？ …………………………… 25

四、什么是警告标志？ …………………………………… 25

五、什么是禁令标志？ …………………………………… 25

六、什么是指示标志？ …………………………………… 25

七、什么是指路标志？ …………………………………… 25

八、什么是辅助标志？ …………………………………… 26

九、对几种常用交通标志的解释 ………………………… 26

十、什么是道路交通标线？ ……………………………… 27

十一、中心黄色双实线的功能是什么？ ………………… 27

十二、中心黄色虚实线的功能是什么？ ………………… 27

十三、中心黄色单实线的功能是什么？ ………………… 27

十四、道路边缘黄色单实线的功能是什么？ …………… 27

十五、路面黄色网状线的功能是什么？ ………………… 28

十六、对几种常用的交通标线的解释 …………………… 28

第二节　交通安全事故预防与应对 ………………………… 30

一、陆上交通安全与应急 ………………………………… 30

二、水上交通安全与应急措施 …………………………… 38

三、航空交通安全与应急措施 …………………………… 39

第三节　乘坐交通工具安全须知 …………………………… 40

一、乘坐火车安全须知 …………………………………… 40

目录

　　二、乘坐汽车安全须知 ································ 43

第三章　应对各种险情　保障人身安全 ················ 49

第一节　熟记紧急呼救电话 ························ 49
　　一、110 报警电话 ································ 49
　　二、119 火灾报警电话 ···························· 50
　　三、122 交通事故报警电话 ························ 51
　　四、120 医疗急救求助电话 ························ 52

第二节　提高警惕防止人身伤害 ···················· 52
　　一、居家安全注意事项 ···························· 52
　　二、公共场所安全注意事项 ························ 54
　　三、防止飞车抢夺注意事项 ························ 56
　　四、防止麻醉抢劫注意事项 ························ 57
　　五、驾车安全注意事项 ···························· 58
　　六、受到袭击时安全注意事项 ······················ 59
　　七、被绑架时的安全注意事项 ······················ 61
　　八、家人亲友不幸被绑架时，务必报案 ·············· 62
　　九、知悉他人可能被绑架，应立即报警 ·············· 63

第三节　公民防止侵害锦囊妙计 ···················· 64
　　一、公民防盗锦囊妙计 ···························· 64
　　二、公民防抢锦囊妙计 ···························· 68
　　三、公民防骗锦囊妙计 ···························· 72

第四章　走出国门勿忘安全　旅游出差谨防伤害 ········ 75

第一节　准备充分利于出行 ························ 75

　　一、出行必备身份证件 ………………………… 75
　　二、出行前购买意外伤害保险 ………………… 76
　　三、针对目的国国情做好相应准备 …………… 76
第二节　进入目的国的安全注意事项 ……………… 80
　　一、出行安全，管好财物 ……………………… 80
　　二、牢记环境特征，注意人身安全 …………… 80
　　三、目的国安全行为准则 ……………………… 82
　　四、目的国居住安全注意事项 ………………… 84
第三节　目的国突发事件应对指南 ………………… 91
　　一、袭击（偷盗、抢劫、行凶、人身侵害）应对指南 … 91
　　二、恐怖袭击应对指南 ………………………… 92
　　三、火灾应对指南 ……………………………… 93
　　四、洪水应对指南 ……………………………… 95
　　五、地震应对指南 ……………………………… 96
　　六、台风、飓风应对指南 ……………………… 97
第四节　目的国特殊地理环境、气候应对指南 …… 99
　　一、热带雨林气候应对指南 …………………… 99
　　二、寒冷气候应对指南 ………………………… 101
　　三、高原环境应对指南 ………………………… 101

第五章　意外事故别慌张　应急救援帮大忙 …… 102

第一节　家用电、气、水事故应急 ………………… 102
　　一、用电事故应急 ……………………………… 102
　　二、电梯事故应急 ……………………………… 104
　　三、液化石油气钢瓶泄漏事故应急 …………… 105

目录

　　四、饮用水污染事故应急 …………………………………… 105

　　五、火灾事故应急 …………………………………………… 106

　　六、中毒事故应急 …………………………………………… 110

　　七、传染性疾病应急 ………………………………………… 115

　　八、动物疫情应急 …………………………………………… 122

　　九、公共聚集场所突发事故应急 …………………………… 126

　　十、交通事故应急 …………………………………………… 130

第二节　常用现场急救常识 …………………………………… 134

　　一、触电现场急救措施 ……………………………………… 134

　　二、猝死濒危现场急救措施 ………………………………… 136

　　三、毒蛇咬伤现场急救措施 ………………………………… 137

　　四、骨折现场急救措施 ……………………………………… 138

　　五、呼吸道异物阻塞现场急救措施 ………………………… 140

　　六、溺水现场急救措施 ……………………………………… 141

　　七、烫伤与烧伤现场急救措施 ……………………………… 141

　　八、心跳、呼吸骤停现场急救措施 ………………………… 142

　　九、胸腹外伤现场急救措施 ………………………………… 143

　　十、眼灼伤现场急救措施 …………………………………… 144

第一章

了解自然灾害
做到防灾减灾

第一节 地质灾害与应对措施

一、泥石流灾害与应对措施

泥石流是山坡上大量泥沙、石块等经山洪冲击而形成的突发性急流。

1. 泥石流的形成

（1）陡峻的、便于集水、集物的地形地貌。

（2）丰富的松散物质。

（3）短时间内有大量的水源。

2. 泥石流按其物质成分可分为三类

（1）由大量黏性土和粒径不等的沙粒、石块组成的叫泥石流。

（2）以黏性土为主，含少量沙粒、石块，成稠泥状的叫泥流。

（3）由水和大小不等的沙粒、石块组成的叫水石流。

3．泥石流的危害

（1）对居民点的危害　泥石流冲进乡村、城镇，摧毁房屋、工厂、企事业单位及其他场所设施，淹没人畜、毁坏土地，甚至造成村毁人亡的灾难。

（2）对公路、铁路的危害　泥石流可直接埋没车站、铁路、公路，摧毁路基、桥涵等设施，致使交通中断，还可引起正在行驶的火车、汽车颠覆，造成重大的人身伤亡事故。有时泥石流汇入河道，引起河道大幅度变迁，间接毁坏公路、铁路及其他构筑物，甚至迫使道路改线，造成巨大的经济损失。

（3）对水利、水电工程的危害　主要是冲毁水电站、引水渠道及过沟建筑物，淤埋水电站尾水渠，并淤积水库、磨蚀坝面等。

（4）对矿山的危害　主要是摧毁矿山及其设施，淤埋矿山坑道、伤害矿山人员、造成停工停产，甚至使矿山报废。

4．泥石流发生时的应对措施

（1）遇到泥石流，要往与泥石流成垂直方向的山坡上跑，不能顺着泥石流的方向往下游跑，且不要停留在凹坡处。

（2）在沟谷内逗留或活动时，一旦遭遇大雨、暴雨，要迅速转移到安全的高地，离山谷越远越好，不要在低洼的谷底或陡峭的山坡下躲避、停留。

（3）野外宿营要选择平整的高地作为营地，不能在有滚石或大量堆积物的山坡下扎营，也不要在山谷和河沟底部扎营。

（4）暴雨过后，不要急于返回沟内的住地，应观察一段时间。

> **安全妙语"谨"上添花：**
>
> 泥沙石块山洪急　　冲毁房屋和路基
> 高处转移勿顺流　　凹坡低谷需躲避

二、滑坡灾害与应对措施

滑坡是指地表的斜坡上大量土石整体下滑的自然现象，俗称"走山""跨山""土溜"等。

1. 滑坡的条件

斜坡岩体、土体只有在被各种构造面切割分离成不连续状态时，才可能具备向下滑动的条件。

2. 滑坡的活动强度

主要与滑坡的规模、滑坡的速度、滑坡的距离及其蓄积的位能和产生的动能有关。

3. 滑坡的活动时间

主要与诱发滑坡的各种外界因素有关，如地震、降雨、冻融、海啸、风暴潮及人类活动等。

4. 滑坡发生时的应对措施

（1）当处在滑坡体上时首先应保持冷静，不能慌乱。慌乱不

仅浪费时间，而且极有可能做出错误的决定。

（2）要迅速环顾四周，向较为安全的地段撤离。一般除高速滑坡外，只要行动迅速，都有可能逃离危险区段。

（3）逃离时，以向两侧跑为最佳自救措施。在向下滑动的山体中，向上或向下跑都是很危险的。

（4）当遇到无法逃离的高速滑坡时，更不能慌乱，在一定条件下，如山体呈整体滑动，原地不动或抱住大树等固定物体，不失为一种有效的自救措施。

三、崩塌灾害与应对措施

崩塌也叫崩落、垮塌或塌方，是陡坡上的岩体在重力作用下突然脱离母体崩落、滚动、堆积在坡脚（或沟岩）的地质现象。

1．崩塌的类型

按崩塌体物质的组成，崩塌可分为土崩和岩崩两大类。

2．崩塌的活动时间

（1）崩塌一般发生在暴雨及较长时间连续降雨过程中或稍后一段时间。

（2）强烈地震过程中。

（3）开挖坡脚过程中或稍后一段时间。

（4）水库蓄水初期及河流洪峰期。

（5）强烈的机械振动及大爆破之后。

3. 崩塌发生时的应对措施

（1）不要立即进入灾害区去挖掘和搜寻财物。当滑坡、崩塌发生后，后山斜坡并未立即稳定下来，仍会发生石崩、滑坍，甚至还会继续发生较大规模的滑坡、崩塌。

（2）立即派人将灾情报告当地政府有关部门，以便尽快展开救援。

（3）查看是否还有滑坡、崩塌的危险，禁止进入划定的危险区。

（4）注意收听广播、收看电视，了解近期是否还会有暴雨。收音机、手机等要节约使用，以延长使用时间。

> **安全术语"谨"上添花：**
> 滑坡来时别慌乱　　逃向两侧最安全
> 崩塌未停有危险　　勿为财物入险区

四、地震灾害与应对措施

由于地球及地壳的不断运动，产生巨大的力，导致地下岩层断裂或错动，就形成了地震。地震是一种破坏力极大的自然灾害。地震除了能直接引起山崩、地裂、房倒屋塌之外，还会引起火灾、水灾、爆炸、滑坡、泥石流、毒气蔓延、瘟疫等次生灾害。

1. 地震的相关概念

（1）震源　地球内部直接发生断裂的地方。

（2）震中　震源在地表的投影。

（3）震中距　震中到观测点的距离。

（4）震源深度　震源到震中的距离。

（5）震级　表示地震能量大小的等级。

（6）烈度　地震对地面影响和破坏的程度。通常，震级越高，震源越浅，地震的烈度越强。

2．地震发生时的应对措施

（1）在家中的应对措施　选择易形成三角空间的地方躲避，如果是平房，可逃出房外，向外逃离时最好用被子、枕头、安全帽护住头部。室内较安全的地方有：卫生间、厨房、储藏室等狭小空间和承重墙的墙角（注意避开外墙）。

（2）在学校的应对措施　听从老师的安排，室内学生不撤出，室外学生不要回教室，就近"蹲下，掩护，抓牢"。注意避开高大建筑物、危险物。

（3）在工作间的应对措施　迅速关掉电源、气源，就近"蹲下，掩护，抓牢"，注意避开空调、电扇、吊灯。如果在高层则不要下楼。

（4）在电影院、体育馆和商场的应对措施　不要拥向出口，注意避开吊灯、电扇、空调等悬挂物，以及商店中的玻璃门窗、橱窗、高大的摆放重物的货架。就近"蹲下，掩护，抓牢"。地震后听从指挥，有秩序地撤离。

（5）在车内的应对措施

◉ 驾车应远离立交桥、高楼，应到开阔地，停车时要注意与前车保持车距。

◉ 乘客应抓牢扶手以避免摔倒，尽量降低重心，躲在座位附近，不要跳车，等地震过后再下车。

（6）在开阔地的应对措施

- 尽量避开拥挤的人流。
- 避免与家人走失。
- 照顾好老人和儿童。

3. 地震中的标准求生姿势

（1）身体尽量蜷曲缩小，卧倒或蹲下。

（2）用手或其他物件护住头部，一手捂住口鼻，另一手抓住一个固定的物品。

（3）如果没有任何可抓的固定物或保护头部的物件，则应采取自我保护姿势：头尽量向胸部靠拢，闭口，双手交叉放在脖后，以保护头部和颈部。

4. 地震中应做到

（1）不要惊慌，伏而待定。

（2）不要站在窗户边或阳台上。

（3）不要跳楼、跳车或破窗而出。如果在平房，地震时，当门变形打不开时，"破窗而出"则是可以的。

（4）不要乘坐电梯。

（5）不要因寻找衣服、财物而耽误逃生时间。

（6）不要躲避在电线杆、路灯、烟囱、高大建筑物、立交桥、玻璃建筑物、大型广告牌、悬挂物、高压电设施及变压器附近。

（7）不要在石油、煤气等易爆和化学等有毒的工厂或设施附近。不要位于明火的下风。

5．地震中可能遭遇的其他危险及应对措施

（1）火灾　趴在地上，用湿毛巾捂住口鼻，地震停止后向安全地方转移，转移时应匍匐、逆风。

（2）燃气　用湿毛巾捂住口鼻，杜绝使用明火，震后设法转移。

（3）毒气　用湿毛巾捂住口鼻，不要顺风跑，尽量绕到上风去。

6．地震后的自救和互救

（1）被掩埋时的应对措施

◉ 坚定求生意志。

◉ 挣脱手脚，清除压在身上，尤其是腹部的重物，就地取材加固周围的支撑。

◉ 设法用手和其他工具开辟通道逃出，但如果费时、费力过多则应停止，保存体力。

◉ 尽量向有光、通风的地方移动。

◉ 用毛巾、衣服掩住口鼻。

第一章 了解自然灾害 做到防灾减灾

◉ 在可以活动的空间中寻找食物和水，尽量节省食物，以备长时间食用。

◉ 注意保存体力，不大声喊叫呼救，可用敲击铁管、墙壁，吹哨子等方式与外界沟通，听到救援者靠近时再呼救。

◉ 在封闭的室内不可使用明火。

（2）互救措施

◉ 先救多，后救少；先救近，后救远；先救易，后救难。

◉ 要留心各种呼救声音。

◉ 了解坍塌处的房屋构造，判断哪里可能有人。

◉ 挖掘时，不要破坏支撑物。要使用小型轻便工具，接近伤员时，要采取手工方式谨慎挖掘。

◉ 尽早使封闭空间与外界沟通，以便新鲜空气注入。如果灰尘太大，要喷水降尘。

◉ 一时无法救出，可先将水、食品、药品递给被埋压人员食用。

◉ 施救时，要先将头部暴露出来，清除口、鼻中的尘土，再将胸、腹部和身体其他部位露出。切不可强行拖拽。

◉ 对在黑暗、饥渴、窒息环境下埋压过久的人员，救出后应

9

蒙上眼睛，且不可一次喂食太多。伤者要及时处理，尽快转移到附近医院。

- 救人过程中要注意安全，小心余震。

> **安全妙语"谨"上添花：**
>
> 强烈地震破坏大　　次生灾害也可怕
> 应对知识要牢记　　陷入险情不慌张
> 冷静自救与互救　　保持体力待救援

五、山洪灾害与应对措施

山洪是指由于暴雨、融雪、拦洪设施溃决等原因，造成山区（包括山地、丘陵、岗地）沿河流及溪沟而形成的暴涨暴落的洪水。

1. 山洪的形成

在山区，突然遭遇暴雨侵袭，河流水量会迅速增大，很容易暴发山洪。山洪具有突然性和暴发性强的特点。

2. 山洪发生时的应对措施

在山区行走和中途歇息中，应随时注意周围的异常变化和可以选择的退路、自救办法，一旦出现异常情况，迅速撤离现场。

（1）受到洪水威胁时，应该有组织地迅速向山坡、高地处转移。

（2）当突然遭遇山洪袭击时，要沉着冷静，千万不要慌张，并以最快的速度撤离。逃离现场时，应该选择就近安全的路线沿

第一章 | 了解自然灾害 做到防灾减灾

山坡横向跑开，千万不要顺山坡往下或沿山谷出口往下游跑。

（3）山洪流速急，上涨快，不要轻易在洪水中游泳转移，以防止被山洪冲走。山洪暴发时还要注意防止山体滑坡、滚石、泥石流的伤害。

（4）当被洪水围困在基础较牢固的高岗、台地或坚固的住宅楼房时，在山丘环境下，无论是孤身一人还是多人，只要有序固守等待救援或等待陡涨陡落的山洪消退后即可解围。

（5）如措手不及，被洪水围困于低洼处的溪岸、土坎或木结构的住房里，情况危急时，有通信条件的，可利用通信工具向当地政府和防汛部门报告洪水态势和受困情况，寻求救援；无通信条件的，可制造烟火或来回挥动颜色鲜艳的衣物或集体同声呼救。同时要尽可能利用船只、木排、门板、木床等漂流物，进行水上转移。

（6）发现高压线铁塔歪斜、电线低垂或者折断，要远离避险，不可触摸或者接近，防止触电。

（7）洪水过后，要做好卫生防疫工作，注意饮用水卫生和食品卫生，避免发生传染病。

安全妙语"谨"上添花：

山洪来袭很突然　　迅速撤离保平安

涉水逃生不可取　　围困待援勿惊慌

第二节　气象灾害与应对措施

一、高温灾害与应对措施

日最高气温达到35℃（含35℃）以上，就是高温天气。高温天气会给人体健康、交通、用水、用电等方面带来严重影响。

高温发生时的应对措施

（1）饮食宜清淡，多喝凉开水、冷盐水、白菊花水、绿豆汤等防暑饮品。

（2）保证睡眠，准备一些常用的防暑降温药品，如清凉油、十滴水、人丹等。

（3）在高温条件下的作业人员，应采取防护措施或停止作业。

（4）白天尽量减少户外活动时间，外出要打伞、戴遮阳帽、涂抹防晒霜，避免强光灼伤皮肤。

（5）如有人中暑，应立即把病人抬至阴凉通风处，并给病人服用生理盐水或"十滴水"等防暑药品。如果病情严重，需送往医院进行专业救治。

> **安全妙语"谨"上添花：**
>
> 高温防暑是关键　　急救药品备身边
> 户外作业要调整　　防护措施利出行

二、大风灾害与应对措施

城市中，大风及其在建筑物之间产生的"强风效应"时常会毁坏房屋、广告牌和大树等，并会妨碍高处作业，甚至引发火灾。

1. 大风发生时的应对措施

（1）大风天气时，在施工工地附近行走应尽量远离工地并快速通过。不要在高大建筑物、广告牌或大树的下方停留。

（2）及时加固门窗、围挡、棚架等易被风吹动的搭建物，妥善安置易受大风损坏的室外物品。

（3）机动车和非机动车驾驶员应减速慢行。

（4）立即停止高空、水上等户外作业；立即停止露天集体活动，并疏散人员。

（5）不要将车辆停在高楼、大树的下方，以免玻璃、树枝等被吹落造成车体损伤。

2. 龙卷风发生时的应对措施

（1）龙卷风袭来时，应打开门窗，使室内外的气压得到平衡，以避免被强风掀掉屋顶，吹倒墙壁。

（2）在室内，人应该保护好头部，面向墙壁蹲下。

（3）在野外遇到龙卷风时，应迅速向龙卷风前进的相反方向或者侧向转移躲避。

（4）龙卷风已经到达眼前时，应寻找低洼地形趴下，闭上口、眼，用双手、双臂保护头部，防止被飞来物砸伤。

（5）乘坐汽车遇到龙卷风时，应下车躲避，不要留在车内。

3. 热带风暴发生时的应对措施

（1）注意收听有关天气预报，做好预防准备工作。

（2）房屋需要加固的部位应及时加固，关好门窗。

（3）准备好食品、饮用水、照明灯具、雨具及必需的药品，预防不测。

（4）疏通泄水、排水设施，保持通畅。

（5）热带风暴到来时，要尽可能待在室内，减少外出。

（6）遇有雷电时，要谨慎使用电器，严防触电。

（7）密切注意周围环境，在出现洪水泛滥、山体滑坡等危及住房安全的情况时，要及时转移。

（8）风暴过后，要注意卫生防疫，减少疾病传播。

> 安全妙语"谨"上添花：
>
> 　　大风天气要注意　　室外物品要固定
> 　　远离工地防伤害　　驾车慢行才安全

三、沙尘暴灾害与应对措施

　　沙尘暴是指强风将地面大量的沙尘卷入空中，使空气特别混浊，水平能见度小于1 000米的灾害性天气。

　　沙尘暴会造成空气质量恶化，影响人体健康和交通安全，破坏建筑物及公共设施，严重时还会造成人员伤亡。

沙尘暴发生时的应对措施

　　（1）及时关闭门窗，必要时可用胶条对门窗进行密封。

　　（2）外出时要戴口罩，用纱巾蒙住头，以免沙尘侵害眼睛和呼吸道。应特别注意交通安全。

　　（3）机动车和非机动车应减速慢行，驾驶员要密切注意路况，谨慎驾驶。

　　（4）妥善安置易受沙尘暴损坏的室外物品。

> 安全妙语"谨"上添花：
>
> 　　漫天黄沙污染大　　能见度低谨慎行
> 　　密封门窗空气好　　做好防护免伤害

四、暴雨灾害与应对措施

暴雨，特别是大范围的大暴雨或特大暴雨，往往会在很短时间内造成城市内涝，使居民生命财产遭受损失，给城市交通带来重大影响。

1．暴雨发生时的应对措施

（1）预防居民住房发生小内涝可因地制宜，在家门口放置挡水板或堆砌土坎。

（2）室外积水漫入室内时，应立即切断电源，防止积水带电伤人。

（3）在户外积水中行走时，要注意观察，贴近建筑物行走，防止跌入地坑。

（4）驾驶员遇到路面或立交桥下积水过深时要尽量绕行，不要强行通过。

2．洪水灾害应对措施

（1）受到洪水威胁时，如果时间充裕，应按照预定路线，有组织地向山坡、高地等处转移；在措手不及，已经受到洪水包围的情况下，要尽可能利用船只、木排、门板、木床等，进行水上转移。

（2）洪水来得太快，已经来不及转移时，要立即爬上屋顶、楼顶、大树、高墙暂时避险，等待援救，不要单身游水转移。

（3）发现高压线、铁塔倾倒、电线低垂或断折，要远离避险，不可触摸或接近，防止触电。

（4）洪水过后，要服用预防流行病的药物，做好卫生防疫工作，避免发生传染病。

3．冰雹发生时的应对措施

（1）得知有关冰雹的天气预报，应将人畜及室外的物品都转移到安全地带。

（2）冰雹来时尽量不要外出，不得已要出门时，应注意保护头部和面部。

（3）若冰雹来时正在室外，应马上寻找可以躲避的地方，最好是坚固的建筑物。

（4）若正在驾驶汽车，或在车内，应立即将车停在可以躲避的地方，切不可贸然前行以免受到不必要的伤害。

（5）有时，冰雹会伴有狂风暴雨，需特别注意预防及躲避。

> 安全妙语"谨"上添花：
>
> 暴雨天气酿水患　　室外积水路难行
> 行走驾车要注意　　暗藏陷阱有隐患
> 冰雹来时不外出　　易碎物品屋里搬
> 及时躲避防伤害　　驾车不能露天站

五、雷击灾害与应对措施

伴有雷声和闪电现象的天气，气象上称为雷暴。雷暴天气时，

全民公共安全知识宣传教育手册

当云层与地面之间的电位差达到一定强度时，就会发生放电现象，闪电击到地面或击中某些物体就造成雷击。据研究，雷击的电流强度通常可达几万安培，温度可达 20 000 ℃，如此强大的电流和高温，其危害程度可想而知。

雷雨天气常常会产生强烈的放电现象，如果电流击中人员、建筑物或各种设备，常会造成人员伤亡和经济损失。

雷击发生时的应对措施

（1）注意关闭门窗，室内人员应远离门窗及水管、煤气管等金属物体。

（2）关闭家用电器，拔掉电源插头，防止雷电从电源线入侵。

（3）在室外时，要及时躲避，不要在空旷的野外停留。在空旷的野外无处躲避时，应尽量寻找低洼之处（如土坑）藏身，或者立即下蹲，降低身体的高度。

（4）远离孤立的大树、高塔、电线杆、广告牌。

（5）立即停止室外游泳、划船、钓鱼等水上活动。

（6）如多人共处室外，相互之间不要挤靠，以防被雷击中后电流互相传导。

安全蜘语"谨"上添花：

雷暴天气防雷击　　金属物体要远离
关闭电器避损失　　空旷地区要撤离

六、大雾灾害与应对措施

当大量微小水滴悬浮在近地层空气中，能见度小于1 000米时，就是大雾天气。它会给城市交通带来严重影响，容易造成交通事故。大雾天气时，城市中排放的烟尘、废气等有害物质容易在近地层空气中滞留，影响人体健康。

大雾发生时的应对措施

（1）机动车驾驶员应打开防雾灯，密切关注路况。行驶中要减速慢行，控制好车速、车距。

（2）驾驶员在高速公路上行驶，遇大雾天气、能见度过低时，应立即减速慢行，并将车驶向最近的停车场或服务区停放。

（3）大雾天气出行，行人应注意交通安全。应戴口罩，防止吸入对人体有害的气体。

安全妙语"谨"上添花：

雾天驾驶需谨慎　　开灯慢行控车距
空气污染伤身体　　出门护好口和鼻

七、冰雪灾害与应对措施

冰雪天气时，由于视线不清，路面湿滑，给出行带来很多安全隐患，极易发生交通和跌伤等事故。

冰雪天气发生时的应对措施

（1）应给非机动车的轮胎少量放气，以增加轮胎与路面的摩擦力。

（2）冰雪天气行车应减速慢行，转弯时避免急转以防侧滑，踩刹车不要过急、过死。

（3）在冰雪路面上行车，应安装防滑链，佩戴有色眼镜或变色眼镜。

（4）行人路过桥下、屋檐等处时，要迅速通过或绕道通过，以免上面的冰凌因融化突然脱落伤人。

（5）有关部门应在道路上撒融雪剂，以防路面结冰，并及时组织扫雪。

安全妙语"谨"上添花：

雪天路滑需谨慎　　及时喷撒融雪剂
驾车慢行防侧滑　　危险场所莫通行

八、海啸灾害与应对措施

海啸是一种具有强大破坏力、灾难性的海浪,通常是由震源在海面下50千米以内、里氏震级6.5以上的海底地震引起。水下或沿岸山崩以及火山爆发也可能引起海啸。在一次震动之后,震波在海面上以不断扩大的圆圈,传播到很远的距离。

1.海啸的形成

海啸在外海时由于水深,波浪起伏较小,不易引起注意,但到达岸边浅水区时,巨大的能量使波浪骤然升高,形成内含极大能量、高达十几米甚至数十米的"水墙",冲上陆地后所向披靡,往往造成严重的生命危害和财产损失。

2.海啸发生有两种形式

(1)滨海、岛屿或海湾的海水反常退潮或河流没水,而后海水突然席卷而来、冲向陆地。

(2)海水陡涨,突然形成几十米高的水墙,伴随隆隆巨响涌向滨海陆地,而后海水又骤然退去。

3.海啸前兆

(1)地面强烈震动 可能由海洋地震引起,不久可能发生海啸。因为地震波先于海啸到达近海岸,人们有时间及时避险。

(2)潮汐突然反常涨落 海平面显著下降或有巨浪袭来时,必须以最快速度撤离岸边。海水异常退去时往往把鱼虾等许多海

生动物留在浅滩。此时千万不能去捡鱼或看热闹,必须迅速离开海岸,转移到内陆高处。

4．海啸发生时的应对措施

（1）应立即切断电源。

（2）关闭燃气。

（3）停在港湾的船舶和航行的船只应立即驶向深海区,不要停留在港口、回港或靠岸。

（4）不要因顾及财产损失而丧失逃生机会。

5．不幸落水时的应对措施

（1）尽量抓住木板等漂浮物,避免与其他硬物碰撞。

（2）不要举手,不要慌乱挣扎,尽量不要游泳,能浮在水面即可。

（3）海水温度偏低时,不要脱衣服。

（4）不要喝海水。

（5）尽可能向其他落水者靠拢,积极互助、相互鼓励,尽力使自己易于被救援者发现。

6．海啸过后的自救和互救措施

（1）进温水里恢复体温,或披上被、毯、大衣等保温;不要局部加温或按摩。

（2）给落水者适当喝些糖水,但不要让落水者饮酒。

（3）如果受伤,立即采取止血、包扎、固定等急救措施;重伤员要及时送往医院。

第一章 了解自然灾害 做到防灾减灾

（4）及时清除溺水者鼻腔、口腔和腹内的吸入物：将溺水者的肚子放在施救者的大腿上，从其后背按压，将海水等吸入物倒出。

（5）如果溺水者心跳、呼吸停止，须立即交替进行口对口人工呼吸和心脏挤压。

安全妙语"锦"上添花：

地震引发大海啸　　潮汐异常要撤离
积极救助落水者　　注意保暖速送医

第二章

学习交通常识
保障出行安全

第一节　常用交通安全常识

一、什么是交通安全设施？

为维护交通秩序，确保交通安全，充分发挥道路交通的功能，依照规定在道路沿线设置的交通信号灯、交通标志和标线及交通隔离护栏等交通硬件的总称。

二、什么是道路交通标志？

道路交通标志是用图形符号、颜色和文字向交通参与者传递特定信息，用于管理交通的设施。

三、道路交通标志如何分类？

道路交通标志分为主标志和辅助标志两大类。

主标志又分为警告标志、禁令标志、指示标志、指路标志、旅游区标志和道路施工安全标志。

四、什么是警告标志？

警告标志是警告车辆和行人注意危险地段的标志。其形状为正等边三角形，颜色为黄底、黑边、黑图案。

五、什么是禁令标志？

禁令标志是禁止或限制车辆、行人交通行为的标志。其形状通常为圆形，个别为八角形或顶点向下的等边三角形。其颜色通常为白底、红圈、红斜杆和黑图案，"禁止车辆停放标志"为蓝底、红圈、红斜杆。

六、什么是指示标志？

指示标志是指示车辆、行人按规定方向、地点行驶的标志。其形状为圆形、正方形或长方形，颜色为蓝底白图案。

七、什么是指路标志？

指路标志是传递道路方向、地点和距离信息的标志。其形状，除地点识别标志、里程碑、分合流标志外，为长方形或正方形。其颜色，一般道路为蓝底白图案，高速公路为绿底白图案。

八、什么是辅助标志？

辅助标志是指紧靠主标志下缘，起辅助说明作用的标志。其形状为长方形，颜色为白底、黑字、黑边框。用于表示时间、车辆类型、警告和禁令的理由、区域或距离等主标志无法完整表达的信息。

九、对几种常用交通标志的解释

1. 禁止车辆停放标志

该标志为圆形、蓝底、红圈、红斜杆，表示禁止一切车辆停放。交叉双斜杆为禁止车辆临时或长时停放标志。单斜杆为禁止车辆长时停放标志，临时停车（司机不得离开驾驶室）不受限制。

2. 停车让行标志

该标志为八角形，颜色为红底白字，表示车辆必须在停止线以外停车瞭望，确认安全后，才准许通行。

3. 禁止机动车通行标志

该标志为圆形、白底、红圈、红斜杆、黑色小汽车图形，表示禁止一切机动车（含摩托车）通行。下缘附设有"二轮摩托车除外"辅助标志的，准许二轮摩托车通行。

十、什么是道路交通标线?

道路交通标线是由标画于路面上的各种线条、箭头、文字、立面标记、突起路标和轮廓标等构成的交通安全设施。其作用是管制和引导交通。可以与交通标志配合使用,也可单独使用。

交通标线按功能可分为三类:禁止标线、指示标线和警告标线。

十一、中心黄色双实线的功能是什么?

中心黄色双实线表示严格禁止车辆跨线超车、压线行驶和向左转弯。也表示严格禁止车辆和行人横穿。其作用相当于中心隔离护栏或中心分车绿带。

十二、中心黄色虚实线的功能是什么?

中心黄色虚实线表示实线一侧禁止车辆跨线超车和向左转弯,虚线一侧准许车辆在确保安全的情况下跨线超车和向左转弯。

十三、中心黄色单实线的功能是什么?

中心黄色单实线表示不准车辆跨线超车、压线行驶或向左转弯。

十四、道路边缘黄色单实线的功能是什么?

道路边缘黄色单实线表示禁止一切车辆长时或临时停放(含临时停车上下客)。

十五、路面黄色网状线的功能是什么？

路面黄色网状线表示严格禁止一切车辆长时或临时停车，防止交通阻塞。当黄色网状线前方有车辆停驶时，后车必须在黄色网状线外等候，直到确认黄色网状线前方有足够空间停驶本车时，方可驶过黄色网状线。

十六、对几种常用的交通标线的解释

1. 人行横道线

人行横道线为一组白色平行粗实线（斑马线），在交通信号灯控制的路口，采用两条白色平行粗实线画出人行横道线的范围，表示准许行人横穿车行道。

行人横穿车行道时必须行走在人行横道线内，设置有人行横道信号灯的，还必须按信号灯指示通行。

2. 人行横道线预告标示

设置在人行横道线前适当位置的白色菱形图案，用于提示驾驶员前方接近人行横道，机动车行驶时须慢行，注意行人横穿道路。

3. 禁止掉头标记

设置在禁止掉头路口前适当位置的，由一个掉头箭头和一个叉形图案组成的黄色图案，表示禁止车辆掉头。

4．导流线

导流线的形式主要为一个或几个根据路口地形设置的白色V形线或斜纹线区域，表示车辆必须按规定的路线行驶，不得压线或越线行驶。

主要用于过宽、不规则或行驶条件比较复杂的交叉路口，立体交叉的匝道口或其他特殊地点。

5．中心圈

设置在交叉路口中心的白色圆形或菱形区域，用于区分车辆大、小转弯及对车辆左转弯的指示，车辆不得压线行驶。机动车向左转弯时，必须紧靠中心圈小转弯。

6．减速标线

设置在收费站广场、出口匝道或其他要求车辆减速路段的白色虚线，其形式有单虚线、双虚线和三虚线，垂直于行车方向设置。用于警告前方应减速慢行。

7．出租车临时停靠点白色框线

设置在出租车临时停靠点路面上，只准出租车临时停车上下客，其他车辆不准停靠。出租车停靠时，必须遵守线内停车、即停即下、即上即走，不得占位待客的规定。

8．公共汽车停靠站白色框线

设置在公共汽车站路面上，只允许市内公共汽车临时停车上下客，其他车辆不准停靠。公共汽车停靠时，必须按位停放在框线内，依次上下客，不得越线。

> 安全妙语"谨"上添花：
> 交通常识要牢记　　标志标线分清晰
> 具体功用需明确　　遵守交通保安全

第二节　交通安全事故预防与应对

一、陆上交通安全与应急

1. 行人事故预防与应对

（1）事故预防

⊙ 横过马路时走人行横道、过街天桥或地下通道。

⊙ 过人行横道时应"红灯停，绿灯行"；通过时，应先看左后看右，在确保安全的情况下迅速通过。

⊙ 学龄前儿童、精神疾病患者、智力障碍者出行应有人带领。

⊙ 不要跨越或倚坐道路隔离设施，不要扒车、强行拦车或实施妨碍道路交通安全的其他行为。

⊙ 不要在街上滑旱冰、踢足球等。

⊙ 不要在机动车道上兜售物品、卖报纸、散发广告传单等。

⊙ 夜间行走时要特别注意：走行人多及照明充足的街道，避

第二章 | 学习交通常识 保障出行安全

免走阴暗的巷道；走在人行道中间，朝与汽车相反方向走。

（2）事故应对

⊙ 与机动车发生事故后，应立即报警，并记下肇事车辆的车牌号，等候交通警察前来处理；遇到撞人后肇事者驾车或骑车逃逸的情况，应及时追赶或求助周围群众拦住肇事者。

⊙ 与非机动车发生交通事故后，在不能自行协商解决的情况下，应立即报警。

（3）救护措施

⊙ 检查伤者的受伤部位，止血、包扎或固定。

⊙ 注意保持伤者呼吸通畅；如果呼吸和心跳停止，立即进行心肺复苏抢救。

⊙ 发生重大交通事故时，不要搬动伤者，立即拨打120或999

求助。

2．非机动车事故预防与应对

（1）事务预防

⊙ 严格遵守交通信号灯指示通行；在停车等信号灯时，不要越过停车线。

⊙ 通过人行横道时，要注意避让行人。

⊙ 拐弯时要伸手示意，不要抢行、猛拐、争道。

⊙ 不要在机动车道内行驶，不要打闹。

⊙ 通过铁路道口时，在火车到来前，自觉停在道口停止线或距道口最外侧铁路 5 米以外处。

（2）事故应对

⊙ 与机动车发生事故后，非机动车驾驶人应记下肇事车的车牌号，保护现场，及时报警；如伤势较重，在记下肇事车的车牌号后应立即报警，求助他人标明现场位置后，及时到医院治疗。

⊙ 非机动车之间发生事故后，在无法自行协商解决的情况下，应迅速报警，保护事故现场；如当事人受伤较重，求助其他人员，立即拨打 122 报警，并拨打 120 或 999 求助。

⊙ 与行人发生事故后，应及时了解伤者的伤势，保护事故现场并报警；如伤者伤势较重，在征得伤者同意的情况下，将伤者及时送往医院救治。

3．乘车事故预防与应对

（1）乘坐公共汽车的安全防范措施

⊙ 若车内乘客稀少，坐距离司机较近的位子。

第二章 学习交通常识 保障出行安全

◉ 乘车途中不要睡觉。

◉ 儿童在行驶的车内不要跑跳、打闹。

◉ 发现可疑人或可疑物，或遇到骚扰，应通知司机或售票员，并撤离到安全位置。

（2）公共汽车事故应急措施

◉ 遇到火灾事故时，乘客应迅速撤离着火车辆，不要围观。

◉ 遇到险情时，双手紧紧抓住前排座位或扶杆、把手，低下头，利用前排座椅靠背或手臂保护头部。

◉ 镇定，不要大声喊叫，不要指挥司机，不要在高车速时跳车。

◉ 出现伤亡情况时及时施救并拨打急救电话。

（3）乘坐出租车的安全防范措施

◉ 早间或夜间搭车，要记住车牌号、运营公司标志、运营证号码等信息；老人、女士、儿童不要独自搭乘出租车。

◉ 在照明充足的地方等车。

◉ 乘车途中不要睡觉。

◉ 选择车辆搭乘。不搭乘装饰怪异、玻璃窗视线不明、车号不清的车辆。

◉ 若与司机交谈，勿谈个人生活信息、家中财产状况等情况。

◉ 遇到险情时，双手紧紧抓住前排座位、扶杆或把手，低下头，利用前排座椅靠背或手臂保护头部。

（4）**乘坐出租车的事故应急措施**

◉ 上车后，注意车门及车窗开关是否正常，若发现有异状或司机有喝酒、衣着不整、言语不正常等情形时，应尽可能想办法下车。

◉ 指定行车路线，并留心沿路景物，发现有异常现象，应随时准备反应。遇到状况时应尽量留下求救信号、个人物品等，为解救提供重要线索。

（5）**乘坐地铁（城铁）的安全防范措施**

◉ 候车时要站在安全线以外。

◉ 列车运行中发现可疑物时，应迅速利用车厢内报警器报警，并远离可疑物,切勿自行处置。

（6）乘坐地铁（城铁）的事故应急措施

⦿ 停电：列车因停电滞于隧道时,耐心等待救援人员到来,不要扒车门、砸玻璃,甚至跳离车厢；站内停电,可按照导向标志确认撤离方向。

⦿ 火灾：使用车厢报警器通知司机,取出车厢的灭火器扑灭初起火势；列车司机应就近停车,尽快打开车门疏散人员；如果车门开启不了,乘客可利用身边的物品破门、破窗而出。

⦿ 爆炸：迅速使用车厢内报警器报警,并尽可能远离爆炸事故现场。

⦿ 毒气：迅速报警,远离毒源,站在上风处,用随身携带的手帕、餐巾纸、衣服等用品捂住口鼻,遮住裸露皮肤。

⦿ 发生以上情况或其他紧急情况时均应及时拨打报警电话。

⦿ 疏散撤离时,服从车站工作人员的指挥,沿指定路线有序撤离,不要拥挤冲撞。

4．驾车事故预防与应对

（1）城市道路行车事故预防

⦿ 严格遵守交通法规,安全驾驶。

⦿ 不要驾驶有机械事故的"带病车"上路。

⦿ 不要酒后驾车。

⦿ 禁止非司机驾车。

⦿ 不要在驾驶中打手机。

⦿ 不要疲劳驾驶。

⦿ 通过铁路道口时,要主动避让火车,不要强行、闯行道口。

（2）城市道路行车事故应对措施

◎ 迎面碰撞：若碰撞的主要方位不在司机一侧，撞车瞬间应紧握方向盘，两腿尽量伸直，两脚踏实，身体后倾，保持平衡。若碰撞的主要方位临近司机座位或冲击力较大，应迅速躲离方向盘，将两脚抬起。

◎ 中途爆胎：不能急刹车。若后胎爆裂，反复轻踩刹车；若前胎爆裂，双手用力控制方向盘，并缓缓松开油门踏板，使车利用转动阻力自行停下。

◎ 刹车失灵：换低挡，加拉手刹，同时打开警示灯。若车速始终无法控制，试着冲向柔软的障碍物以减慢车速。

◎ 翻车：脚钩踏板随车翻转，紧握方向盘使身体固定。

（3）高速公路行车安全措施

⦿ 发生事故后应立即停车，保护现场（标记现场位置，标记伤员倒卧的位置，保全现场痕迹物证，协助公安机关寻找证明人等），拨打报警电话，清楚表述案发时间、方位、伤亡情况等，并协助交通警察调查。

⦿ 有死伤人员的交通事故，应先救人，并立即拨打120或999电话求助。

⦿ 开启危险报警闪光灯，并在来车方向150米以外设置警示标志。

⦿ 车上人员应迅速转移到右侧路肩上或者应急车道内；能够移动的机动车应移至不妨碍交通的应急车道或服务区停放。

⦿ 驾驶旅游车辆或在山区公路行驶，要选派驾驶经验丰富的司机。

⦿ 车辆侧翻在路沟、山崖边时，遵守秩序，让靠近悬崖外侧的人先下车，从外到里依次离开。

⦿ 车辆翻向深沟时，所有车上人员要迅速趴在座椅上，抓住车内的固定物，让身体夹在座椅中稳住身体，随车旋转。

安全妙语"谨"上添花：

交通规则要遵守	穿越路口看信号
乘车避险要及时	反应迅速不围观
出了事故要报警	急救伤员最重要
驾车饮酒太恶劣	危险驾驶出事端

二、水上交通安全与应急措施

发生意外水运事故时,首先要利用救生设备逃生;紧急情况下必须跳水逃生时应采取以下应急措施:

1. 跳水前

(1)尽一切可能发出遇险求救信号。

(2)尽可能向水面抛投漂浮物,如空木箱、木板、大块泡沫塑料等。

(3)多穿厚实保暖的衣服,系好衣领、袖口;如有可能,穿上救生衣。

2. 跳水时

(1)不要从5米以上高度直接跳入水中;利用绳梯、绳索、消防管道等滑入水中。

(2)两肘夹紧身体两侧,一手捂鼻,一手向下拉紧救生衣,深呼吸,闭口,两腿伸直,直立式跳入水中。

3. 跳水后

(1)尽快游离遇难船只,防止被卷入漩涡。

(2)如果发现四周有油火,应脱掉救生衣,潜水游到上风处;到水面上换气时,先用双手将头顶的油和火拨开再抬头呼吸。

(3)不要将厚衣服脱掉;如果没有救生衣,尽可能以最小的运动幅度使身体漂浮;会游泳者可采用仰泳姿势。

（4）尽可能集中在漂浮物附近。

（5）两人以上跳水逃生，尽可能抱在一起，可减少热量散失、互相鼓励和易于被发现。

（6）有救助船只或过路船只接近时，利用救生哨等呼叫。

> 安全蜘语"谨"上添花：
>
> 水上逃生勿盲目　　救生设备来帮助
> 快速游离危险点　　节省体力待救援

三、航空交通安全与应急措施

1. 事故前兆

飞机失事的前兆：机身颠簸；飞机急剧下降；机舱内出现烟雾；机身外出现黑烟；发动机关闭时，一直伴随的飞机轰鸣声消失；高空飞行时发出一声巨响；舱内尘土飞扬等。

2. 应急措施

（1）登机后熟知机上安全出口，熟悉有关航空安全知识。

（2）飞机起飞、着陆时必须系好安全带；飞行途中按要求系好安全带。

（3）空中减压需戴好氧气面罩。

（4）保持姿势正确要弯腰、双手在膝盖下握住，头放在膝盖上，两脚前伸并紧贴地板。

全民公共安全知识宣传教育手册

（5）听从工作人员指挥，迅速有序地由紧急出口滑落地面。

（6）舱内出现烟雾时，把头弯到尽可能低的位置，屏住呼吸，用水或饮料浇湿毛巾或手帕捂住口鼻后再呼吸，弯腰或爬行到出口。

（7）飞机撞地轰响瞬间，要快速解开安全带，朝外面有亮光的裂口全力逃跑。

（8）在海上失事时，要立即穿上救生衣。

安全妙语"谨"上添花：

飞行故障莫慌张　　氧气面罩佩戴上
弯腰抱头腿前伸　　撤离有序礼先让

第三节　乘坐交通工具安全须知

一、乘坐火车安全须知

1. 售票厅

常见隐患：一些旅客在买票时，慌慌张张从衣兜里掏出一沓钱，买完票后匆匆塞进口袋，结果上车后发现兜里的钱没有了。

防范措施：身上带钱时最好分开装，不要放在一个口袋。特别是买票时，提前把买票的钱单独拿出来，免得掏出一大把钱而被小偷盯上。

2. 车门口

常见隐患：车门口人多拥挤，旅客争先恐后地往车上拥，在车门口挤成"马蜂窝"，等挤得满头大汗时，钱包和手机踪影不见。

防范措施：小偷作案的方法是一拔（将手机皮套打开，手机拔走），二割（用刀片将手机保险绳割断，拿走手机）。因此，上车时不要拥挤、不要插队，排好队有秩序地上车，一挤就会给小偷造成可乘之机，特别是手机最容易被盗。另外，把手机放在裤子后兜和上衣口袋也容易被偷走。最好是上车时把手机和钱包装在包里，上车安定后再挂腰间。

3. 衣帽钩

常见隐患：因上车拥挤，上车后人人汗流浃背，旅客喜欢将衣服随手脱掉，挂在衣帽钩上，开车后需用时才发现被盗。

防范措施：小偷常常伪装成乘车人将衣服往衣帽钩上挂，挂衣服时他的手已经伸进旅客衣服口袋，或者拿走衣服时顺手把旅客的衣服拿走。因此，上车后不要把装有钱物的外套脱下挂在衣帽钩上，或者上车后时刻注意贵重衣服。

4. 车厢里

常见隐患：在车厢挤着走动时，稍一麻痹钱物被盗。

防范措施：小偷上车时常将毛巾拿在手上作道具，趁人多拥挤用刀片割旅客口袋。走动时一定要有防范意识，扛着行李包要看好自己的钱包和手机。

5．中途下车买东西

常见隐患：列车运行中途停车时，旅客下车买食品或特产，因时间紧，光着急买东西，掏钱时才发现被盗。

防范措施：在车站活动的小偷也会装成购买者，围在旁边用镊子偷钱。因此，中途停车时，下车购买食品的旅客一定要注意身边的人。

6．停车时

常见隐患：列车在小站停车时，车窗开着，车起动的瞬间，站台上的小偷顺手将放在茶几上或衣帽钩上的包抢走。

防范措施：不要将装有钱和重要物品的包放在茶几上，随身携带好自己的钱物。

7．其他方面的注意事项

目前列车上的违法犯罪以盗取财物案件为主，犯罪分子"最喜爱"的是现金和手机、金银首饰等价值高、容易变现的物品，作案时间多集中在旅客上下车拥挤时和途中睡觉时。手段通常是扒窃或"摘挂"（借机拎包）。另外，有的犯罪嫌疑人会假装和旅客套近乎，给旅客吃一些下过麻醉药的食品后窃取财物；或者想办法了解旅客家庭情况，再谎称旅客生病向其家人诈骗。特别提醒以下几点：

（1）乘车时不要吃陌生人的东西，夜间行车睡觉前要关闭好车窗。

（2）不要在车门和车厢连接处逗留，那里容易发生夹伤、扭伤、卡伤等事故。

（3）尽可能不要携带大量现金。

（4）尽量从起点站上车。

（5）上车要排队，将外衣挂在衣帽钩时，不要将财物放在衣袋中，妥善保管财物。

（6）注意和陌生人的交谈方式，不要轻易透露个人情况。

（7）发生意外时要及时找乘警或列车工作人员处理。

总之，出门在外要提高警惕，若乘车时带有大量现金或重要物品，可找列车乘警义务保管。万一被盗要及时向乘警报案，争取在小偷下车前将其抓获。

安全妙语"谨"上添花：

乘坐火车要警惕　　少带现金不拥挤
随身物品保管好　　放妥行李防盗贼

二、乘坐汽车安全须知

1. 候车时的注意事项

（1）在等候乘坐公共汽（电）车时，要在站台和指定地点等候车辆，不要站在车道（包括机动车道、非机动车道）上候车。

（2）要排队候车，按先后顺序上车，不要拥挤，拥挤时也容易给扒手可乘之机。

（3）上下车均应等车停稳以后。因为在车子还没停稳的时候，如果大家突然拦在车前,往往会使驾驶员措手不及,同时因为候车人的争抢,不巧被人挤倒或把他人挤倒,都可能引发事故。所以一定要先下后上,不要争抢。

(4)需要乘坐出租车时,应在路边伸手示意,切不可站在车行道上拦截,要在出租车站或者出租车可以停车的地方上、下车。一般在上车后再告诉司机前往的地址,这既可防止司机拒载,又不会因为站在车外对话而发生意外。

2. 乘坐长途汽车时的注意事项

(1)安全带是防止和降低交通事故损害程度的一种切实有效的装置。安全带把人和汽车结成一个整体,能够避免乘客撞上方向盘和玻璃窗,以及被抛出车外的危险。据有关资料表明,发生事故时使用安全带,可使前排乘客的死亡机会减小一半,后排乘客的死亡机会减小三分之二。使用安全带的方法要得当。正确使用安全带的方法是:在安全带与胸廓之间留有一指宽的间隙,带子的下部不应箍着腹部,而应箍住胯骨。乘坐汽车时,尽可能坐在有安全带的座位,并把安全带系上。坐在出租车或轿车前排座位的乘客一定要系好安全带。

(2)最好选择性能好、无故障、乘坐舒适的大客车及其他各种客车。

(3)在车辆行驶过程中不可随意触摸车上的控制器,如车门锁等。

(4)不要向车窗外乱扔杂物,以免伤及他人。

(5)车辆行驶的过程中不要将身体任何部位伸出窗外,以免被对面来车或路边树木等刮伤,更不能中途跳车。

（6）为了您及他人的安全，绝不能把汽油、酒精、爆竹等易燃易爆的危险品带入车内。易燃易爆物品容易在挤压、碰撞，或车辆震动过程中引起燃烧和爆炸，严重危及乘客的生命安全。

（7）乘车时要坐稳、扶好，没有座位时，要双脚自然分开，侧向站立，手应握紧扶手，以免车辆紧急刹车时摔倒受伤。

（8）不要乘坐货车或拖拉机。因为货运车厢仅为装卸货物方便而设计，没有考虑乘车人安全而设置扶手、座位等设施，车辆转弯时的离心作用或行驶中因车身颠簸会将乘车人甩出车外，乘车人也容易被车外物体刮碰。

（9）发现驾驶人员无驾驶证、机动车不具备载客准运资格或有明显质量问题时，不要乘坐该车。

（10）车超员时最好不要乘坐。因为汽车超员不仅不安全，而且拥挤的环境对乘客的健康也是不利的。

（11）乘坐二轮摩托车要戴好头盔，在驾驶员身后分开跨坐，不得偏坐或倒坐。

（12）在车辆行驶过程中，不要与驾驶员闲谈或妨碍驾驶员操作，不要随意开启车门、车厢和车内的应急设施，不要在车内随意走动、打闹。

（13）汽车行驶当中，最好不要吃东西，尤其是糖豆、花生一类的食品，因它们容易在汽车晃动时呛到气管中。在车上吃东西也容易受到细菌的污染。

（14）在乘坐乡间私营的公共汽车时，要特别注意汽车的车况和载客量。由于汽车的严重故障或严重超载而引起的惨祸经常见诸报端，成为前车之鉴。遇到这类情况，宁可等下一班车。

（15）在车辆高速行驶时，如有安全带一定要系好。遇到特别不好的道路，特别是一些事故多发路段，如下陡坡、急转弯等，应保持清醒，随时观察前方和车外的情况。一旦发生因车辆机械故障或路面原因造成车辆失去控制时，要准确判断，果断处理，必要时跳车求生。

（16）当乘坐的汽车发生翻车或撞车时，如果能提前一瞬间发现险情，就要紧握面前的扶手、椅背，同时两腿微弯，用力向前蹬地。这样，即使身体受到碰撞，由于双手和双腿可以向前用力，撞击力会消耗在手腕和腿之间，缓解了身体前冲的速度，从而会减轻受伤害的程度，使身体不致造成重伤。

（17）在发生车祸，来不及做缓冲动作的情况下，坐在前排的人要抱头迅速滑下座位，以防头部由于惯性冲向挡风玻璃。后排的人要迅速抱住头部并缩身成球形，这样可以减轻头部、胸部受到的撞击。

（18）假如汽车发生翻倒或翻滚，双手要紧紧握住座位扶手，双脚死死抵住车厢；车辆撞损后往往会起火甚至发生爆炸，因此，要尽快逃离车辆，必要时要用脚、肘甚至裹着衣物的拳头击碎车窗玻璃逃生。

（19）乘车途中，最好不要睡觉，因为睡觉对于应付紧急出现的情况十分不利。事实证明，对于交通事故来说，事发当时头脑清醒的旅客比昏睡的旅客受伤要轻。

（20）乘车途中，如果出现交通事故，应沉着、冷静、机智、灵活地果断处理。首要的是在出事的一瞬间，区别事故的性质，灵活对待，一般的原则是努力固定自己的身体原地不动。如用双手抓住车内某个部位，以防人体随惯性运动引起外伤。

（21）如发生火灾，应在可能的情况下积极帮助灭火，并立即设法尽快离开汽车,千万不要惊慌失措。

（22）乘坐同一辆汽车旅行,发生事故后,要发扬团结友爱的精神,互相帮助,共同对付突如其来的灾难,尤其应当帮助妇女、儿童和老人,让他们首先脱离危险。一般乘客也不能争抢,以免造成通路堵塞,引起更严重后果。

（23）如车辆出现故障在途中停车,乘客应在可能的情况下,尽量协助驾驶员排除故障,并要和大家出谋划策,共同渡过难关。不可互相埋怨、发泄不满,因为事情一旦出现,发脾气和埋怨不仅对处理突发事件不利,反而会导致更坏的结果。

（24）乘坐汽车和出租车时,一定要索要票据,以便出现意外后进行查找和投诉。

（25）乘坐出租车时一定要乘坐有计程器的出租车,按里程付费。

（26）尽量不要表明自己是外地人或游客,以防司机欺骗。

（27）乘车时要时刻注意自己随身携带的现金和物品,严防不法分子偷窃。

（28）不要在车厢内吸烟;不能与司机聊天。

（29）遇到路况不好时,不要惊慌,要听从司机或乘务员的指挥。

3. 乘车到达目的地后,在下车时要注意的问题

（1）在汽车还没有停稳时,不要急于从正在行驶的汽车上跳下,以免发生意外,须等车停稳后再依顺序下车。

（2）乘坐出租车、小车开门前,先观察一下车旁边有无自行车或摩托车,要在没有车辆驶近的情况下再开门,防止车门突然打开使后面跟上的自行车或摩托车措手不及,撞上车门而发生意外。

（3）下车时不要拥挤，在车行道上不得从机动车右侧下车。

（4）下车时，应首先看前后有无来车（包括自行车），从较为安全的右门下车。需横过车行道时，不要急于从车前或车后横穿道路，切不可从车头贸然通过。应离车前或车后20米穿行。

（5）如确需从左门下车，应观察确认没有来车时再开门下车，并迅速从车后走上人行道，切不可从车前或车后突然猛跑横过马路。

（6）机动车发生故障或交通事故需在车行道停车时，除救险外，乘车人必须迅速离开车辆和车行道。

安全妙语"谨"上添花：

候车礼让不拥挤　　乘车扣好安全带

保持清醒不酣睡　　事故发生有防备

第三章

应对各种险情 保障人身安全

第一节 熟记紧急呼救电话

一、110报警电话

发现刑事、治安案件以及危及公共安全与人身财产安全和扰乱公众正常工作、学习与生活秩序的案件时,应及时拨打110报警电话。

1. 发现斗殴、盗窃、抢劫、强奸、杀人等刑事治安案件时,应立即报警。若情况紧急,无法及时报警,则应在制服犯罪嫌疑人或脱离险情后,迅速报警。

2. 发现溺水、坠楼、自杀,老人、儿童或智障人员、精神病患者走失,公众遇到危难孤立无援,水、电、气、热等公共设施出现险情,均可拨打110报警。

二、119火灾报警电话

1. 发生火情应及时拨打119火灾报警电话。

2. 拨打119时,必须准确报出失火方位。如果不知道失火地点的名称,应尽可能说清楚周围明显标志,如建筑物等。

3. 尽量讲清楚起火部位、着火物资、火势大小、是否有人被困等情况,同时应派人在主要路口等待消防车。

4. 在消防车到达现场前应设法扑灭初起火灾,以免火势扩大蔓延,扑救时需注意自身安全。

三、122 交通事故报警电话

发生交通事故或交通纠纷，可拨打 122 或 110 电话报警。

1. 拨打 122 或 110 电话报警时，必须准确报出事故发生的地点及人员、车辆伤损情况。

2. 双方认为可以自行解决的事故，应把车辆移至不妨碍交通的地点协商处理；其他事故，需变动现场的，必须标明事故现场位置，把车辆移至不妨碍交通的地点，等候交通警察处理。

3. 遇到交通事故逃逸车辆，应记住肇事车辆的车牌号，如未看清肇事车辆车牌号，应记下肇事车辆车型、颜色等主要特征。

4. 交通事故造成人员伤亡时，应立即拨打 120 急救电话求助，同时不要破坏现场和随意移动伤员。

四、120 医疗急救求助电话

需要急救服务时，可拨打120急救电话求助。

1. 拨通电话后，应说清楚病人所在方位、年龄、性别和病情。如不知道确切的地址，应说明大致方位，如在哪条大街、哪个方向等。

2. 尽可能说明病人典型的发病表现，如胸痛、意识不清、呕血、呕吐不止、呼吸困难等。

3. 尽可能说明病人患病或受伤的时间。如意外伤害，要说明伤害的性质，如触电、爆炸、塌方、溺水、火灾、中毒、交通事故等，并报告受害人受伤的部位和情况。

4. 尽可能说明您的特殊需要，了解清楚救护车到达的大致时间，并准备接车。

> 安全妙语"锦"上添花：
>
> 报警拨打"110"　　火灾扑救"119"
> 交通事故"122"　　医疗急救"120"
> 急救电话记得牢　　遇到困难可求助

第二节　提高警惕防止人身伤害

一、居家安全注意事项

1. 选用正规厂家生产的防盗门，独自在家时应关好门。

2. 睡觉前应将窗帘拉上，如发现有可疑人物在屋外徘徊，应打110电话报警。

3. 如果有外人使用过房门钥匙，为了安全起见，应该换锁。不要随便将房门钥匙交给钟点工或其他陌生人，防止他们私下配钥匙。

4. 在遇到陌生人送花、送货、送邮件、抄表等要求开门时，要多加小心，在确定对方身份后才可开门。

5. 如电表在室外，遇到突然断电时，应该先留意屋外有没有危险情况或可疑人物，才出门查看。

6. 外出时要给家里老人或保姆留下自己的联系电话号码、小区或大厦管理处的电话号码、110报警电话、预约访客及送货者的资料。

7. 到达住处前应注意是否遭人跟踪，若发现有人跟踪，不要立即回家，应前往附近商家或公安局、派出所求救。

8. 如果回家时发现家里有异样，如锁撬坏了、门开着、窗户被人打破，或者屋内有声响，怀疑小偷仍在屋内，不要贸然进去，如被小偷发现可佯装自己找人，找借口离开向邻居求助并迅速报警。

9. 在家中遇到歹徒入屋，不要力搏，要想办法报警；或者大声呼喊，吓走歹徒，设法让邻居知道你的处境，向外界求助。

10. 如果半夜醒来听到有闯入者发出的声响，首先要镇定，不要轻易让闯入者发现你醒来，然后决定该用什么办法对付才最恰当。你可以开灯或者开关房门发出声音，如果一人独处也可假装呼喊家庭成员，大多小偷不愿正面冲突而逃离。但也有穷凶极恶者可能萌生歹意，应量力而行，最好在不惊动入室歹徒的情况下先打电话报警。

11. 如果有房子出租或出售，不要独自领人看房，可要求房地产中介代表陪你。

12. 不要随便邀约不太熟悉的朋友或网友到家里。

13. 搭乘大厦电梯时，注意同乘者是否面目可疑、不按楼层按钮。一进电梯请先注意控制表上警铃位置，遇到危险时才能立即反应，不至于惊慌失措。

14. 处理个人财务的态度要谨慎，避免向地下钱庄等非法融资组织借贷，以免惹祸上身。

15. 若有友人深夜来访，需注意自己的言行及服装，不能以为对方是朋友就不以为意。

> **安全妙语"谨"上添花：**
>
> 选用合格防盗门　　身份不明莫开门
> 家里进贼先报警　　居家谨慎才安全

二、公共场所安全注意事项

1. 女性在外出时穿着上要避免过于暴露，要学会从外表上保护自己。

2. 不要将手机或MP3、MP4挂在脖子或别在腰上。

3. 外出时尽量不要带包，如果一定要带，最好不要使用双肩的休闲背包或者手提袋，最好用斜挎包，在外面时将包放在身体前面。

4. 不要结交损友，不要沉迷赌博，不涉足不良场所。

5. 行路的时候应注意是否遭人跟踪，如被人跟踪要在人多的地方求援。

6. 如果经常走夜路，最好准备好防袭击警报器、哨子、防狼喷雾器等。持续发出响声的警报器，可以吓走袭击者。

7. 走人行道的时候尽量靠里侧，把包靠紧身体，使有拉链或者包扣的一边朝内。

8. 边走边察看行走沿线的地形地貌，留意可疑人员，随时保持戒备心理，行走过程中要特别注意与可疑陌生人或障碍物保持必要的安全距离。

9. 走路的时候不要将 MP3 或收音机耳机的声音调得太大，因为如果此时背后有来车或者有人接近，不能提前听到并做出反应。

10. 对在人行道上行驶的摩托车保持警惕，听到身后有摩托车声响或者有人跑动尽快避开，尤其是在晚上光线不太好的路边行走时，要随时张望前后左右，注意避让企图接近的可疑人员。

11. 如果有人抢包，第一时间松手把包给他，因为紧抓不放很可能受到更大的伤害，谨记生命安全永远比任何财物更重要。

12. 在晚上出门时可以拿件外套，将包裹住，避免被抢劫。

13. 如果发现有人跟踪，可以立刻横穿马路，来验证是否真的被跟踪，必要时还可多次横穿、变换行走路线。如果仍然担心，就去最近的、人流较多的地方，或者光线条件较好的地方，并打电话报警求助。

14. 如果有到公园或公共场所锻炼身体的习惯，不要长期有规律地保持固定路线和时间，可随时变换，并尽量身处人较多的区域，避开草木茂盛的地带，让自己和其他人可以彼此看到。

15. 不要为了抄近路，独自穿越僻静、人稀、地形复杂、黑暗的巷子、公园或工地。如果不得不走，要前瞻后望，左顾右盼，快速通过。到光线暗的交叉路口时，小心暗处有无可疑人埋伏。走治安状况差的路段也要提高警惕。

16. 如果突然有车停在身边，不要离车太近，尽量让自己在周围人的视线内。如果感到自己受到威胁，要立刻大声喊叫，如果有警报器，立刻打开。可能的话，记下作案车牌号和车的特征，这些对于警方破案都是有用的信息。

安全妙语"谨"上添花：

单身外出防盗贼　　背包要在视线内
行路不能戴耳机　　常走夜路要戒备

三、防止飞车抢夺注意事项

飞车抢夺案多发生在酒店、车站、十字路口等人流复杂、道路宽阔的地方。飞车抢劫的对象多以女性为主，根据飞车抢夺的特点，受害人往往为单身夜行的女性。案犯作案手法有两种，一是两人骑摩托车，由后座上的人抢夺；另一种是驾小车抢夺。

两种作案方法的作案时间多为夜间10点至凌晨5点，而有些歹徒更是在晚上7点就下手，作案地点多在小巷及便于逃脱的岔路口。

1. 夜间外出的女性要注意走在人多光线亮的地方，最好不要单独行走。

2. 对于悄悄驶近的摩托车、小车要特别注意防范。

3. 若要夜间独自外出，骑车者可把包带绕在自行车车头上。

4. 若有人在身后打招呼，千万不要让包离开自己的视线。

安全妙语"谨"上添花：

单身女性路上行　　飞车抢夺要留神
生人搭讪不要理　　搭伴才能走夜路

四、防止麻醉抢劫注意事项

麻醉抢劫案是指犯罪嫌疑人将精神类药物注入或放入被抢劫目标人的食物、饮料中，待其昏迷后实施抢劫。麻醉药作用于人体的途径只有三条：一是消化道吸收中毒；二是呼吸道吸收中毒；三是通过皮肤或黏膜吸收中毒。

1. 独自到公共场所喝饮料，如果没有喝完就去上厕所或离开打电话，回来以后就不要再喝了，以免中途被下麻醉药。

2. 因为麻醉剂作用于人体的不同途径，还应当谢绝陌生人提供的香烟、饮品、手帕和纸巾。

3. 将甘草和绿豆煎成浓汤饮用，对多种麻醉剂有预防作用，可在药汤中加入少许银花和连翘一起煎服。另外，大量饮用浓茶对麻醉抢劫也有一定的预防作用，因为茶叶中所含的咖啡因对多种麻醉剂有对抗作用。

安全妙语"谨"上添花：

外出进食需注意　　发现异常要小心
香烟饮料日用品　　来路不明不要用

五、驾车安全注意事项

1. 永远不要酒后驾驶。

2. 出发前对车辆进行详细检查，确保车辆状态良好。

3. 安排好行车路线，尽可能在大路上行驶。

4. 带足行程中需要的钱和汽油，并在车上配备一罐备用汽油。

5. 出发前，将到达的大致时间和行驶路线告诉家人、朋友或者准备会见的人。

6. 如果有可疑的人示意停车，不要理会，把车开到附近的加油站或某个城区，然后打电话报警。不要让陌生人搭便车。

7. 开车时，一定要反锁车门，把包、车内电话或值钱的物品收在隐蔽位置。停车熄火后，留在车内观察片刻再开车门，如果有其他车辆跟着，要等它开走后再出来，防止被劫持。

8. 如果要打开车窗，只打开一点即可。如果把车窗玻璃开得太低，遇停时，别人就能把手伸进车内取物。

9. 遇到车祸，不要马上开门，先观察对方是否有好几个人，或者是否来者不善，可以先打报警电话，等警察赶来后再下车，防止假车祸，真抢劫。一旦确定是假车祸，马上开走，同时猛按喇叭，以使周围的人能察觉到。

10. 如果怀疑被跟踪，就闪动车灯，并鸣响喇叭，弄出尽可能大的声响，引起旁人的注意。如果可能，一直把车开到热闹的地方。

11. 天黑以后,要把车停在光线很好的闹市区。从车里出来前，应先向四周张望一下，在确信安全的情况下再下车。如果白天停车，晚上才返回开车，应先预想一下停车的地方在黑夜将会是什么景象。

12. 当返回到停放的车辆时，先预备好钥匙。并且在确认车内无人的情况下再进车。

13. 当车辆出现故障在路上停车或打电话时，应密切关注周围动静，不要搭乘陌生人提供的便车，而应等待警察或维修服务车的到来。不要在车内等候，因为这样出事故的风险很大。应该在附近的路基上等待。如果有人接近或者感受到了威胁，就进入车内，锁好车门，只将车窗开一小缝，以同车外人对话。

安全妙语"谨"上添花：

驾驶车辆不饮酒　　异常情况先别慌
车内财物存放好　　确认安全才前行

六、受到袭击时的安全注意事项

在遭遇袭击前对各种可能出现的情况有所考虑和准备，可以把握瞬间的主动权。

1. 被袭击者拥有充分的自卫权，可以适度的武力和携带的诸如雨伞、指甲锉、钥匙等用具向袭击者还击。但要记住，法律禁止公民携带非管制性刀具和其他攻击性武器。

2. 攻击和强奸都是严重的罪行，不管作案者是陌生人还是认识的某个人，罪名都一样成立。

3. 立即打电话报警，尽量详细准确地向警察描述事发经过、地点，以及袭击者的面貌特征。如果案件牵涉到车辆，要留意车的颜色、车牌号及品牌型号。

4. 受到袭击后，车辆不要清洗，以保留重要的证据，等做完相关的司法检验后再冲洗不迟，这些证据，是指证疑犯的有力武器。

5. 如果案件需要审讯，而当事人是未成年人，其隐私将受到保护。

安全妙语"谨"上添花：

路遇袭击不胆怯　　正当防卫保性命
尽快报警诉经过　　留存证据可指证

七、被绑架时的安全注意事项

在大多数人的印象里，只有富豪或知名人士才有可能被绑架。但近年来，即使是平民百姓，也可能成为被绑架的对象，绑匪要求的赎金通常不太高。在逛街或在银行办理业务时，都有可能成为被绑架对象或人质，此时损失的不只是金钱，还可能是容貌受损甚至危及生命。掌握一些预防被绑架的常识，有助于确保人身安全。

1. 首先要保持冷静与警觉，保持冷静才不致处于劣势，切记保持求生的信念与逃脱的思想准备。

2. 主动巧妙地与绑匪沟通，根据其反应说些能让绑匪接受的话，争取存活的时机与空间。

3. 尽量进食与活动，维持良好的体能状况。

4. 如对方持有利器，先设法安抚攀谈，让他放下武器。

5. 衡量是否有能力逃跑，再运用随身携带物品自卫。

6. 若无充分把握，勿以言语或动作刺激绑匪致遭不测。

7. 如周围有人，可乘机呼救引人注意，伺机逃脱。

8. 应佯装不懂绑匪交谈所使用的方言。

9. 伺机留下求救信号，如眼神、手势、私人物品、字条等。

10. 一旦被绑架，应凡事顺从，采取低姿态，以降低绑匪的戒心。

11. 可适当告知绑匪自己的姓名、电话、地址等，但对于经济状况，应尽量搪塞。

12. 一旦有机会逃离危险，立即打电话向家人、亲友或公安机关求助。

13. 熟记绑匪容貌、口音、交通工具及周遭环境特征，如特殊声音、味道等。

14. 反复回忆事件经过和细节，利于获救后提供给警方破案。

接到勒索电话的家长们，即使勒索金额不大，也不要单独跟歹徒周旋而放纵罪犯，一味听从对方摆布，应相信公安机关，及时报警，并配合公安机关早日破案。

八、家人亲友不幸被绑架时，务必报案

1. 处理犯罪案件是一种专业，当家人亲友遭绑架时，务必秘密报警请求协助。报案应尽可能保持隐秘。

2. 警方侦办绑架案件是以人质的安全为优先考虑的，必将尽全力营救。

3. 警方拥有足以对抗绑匪的条件，如较充沛的人力、装备和资源；较丰富的处理类似案件的经验；反绑架的专业知识等。

4. 维持正常生活作息，减少知悉内情者至最小范围，以防有亲人或熟人涉案。

5. 对绑匪遗留现场的痕迹等证物，均应妥善保存并交予警方处理，以利破案。

6. 如果绑匪半途而废，也不可掉以轻心，仍应报警处理，以免其卷土重来，另生祸端。

第三章 应对各种险情 保障人身安全

九、知悉他人可能被绑架，应立即报警

1. 热心公益，勇于助人的表现可有效遏止绑架案件

遇有下列状况，请立即报警：
（1）陌生人在住家附近徘徊，目的不明、形迹可疑时。
（2）行经大型停车场、学校周围、荒僻路径等绑架案件易发生地点，遇有可疑状况时。
（3）见有他人被偷窥、监视或跟踪，见有路人相互拉扯、推拉上车时。
（4）听闻他人紧急呼救，无法实时协助处理时。
（5）见有他人遭受挟持，失去行动和言语自由时。

2. 知悉他人被绑架，应与其家属站在同一阵线

为保障人质平安归来，请遵循以下原则：

（1）严守秘密，充分尊重并配合人质家属的愿望。

（2）任何举动均应优先考虑人质的生命安全。

（3）路人应迅速报警，以使警方加强重点侦防措施，防止绑匪再次犯案。

（4）亲友邻居应维持正常的生活作息，避免过度关心、谈论，干扰案情。

（5）企业应维持正常运作，并约束员工遵守以上原则。

安全妙语"谨"上添花：

如遇绑架别反抗　　保持体能巧周旋
家人得知需报警　　警方保护才安全

第三节　公民防止侵害锦囊妙计

一、公民防盗锦囊妙计

1. 时刻注意财物安全

（1）大量现金是小偷最喜欢下手的目标，出门时带些必备的零钱备用就好，可使用信用卡，应尽可能避免随身携带大量现金。

第三章 | 应对各种险情　保障人身安全

如果有大宗现金的经济来往，可以找人陪同。

（2）将钱包放在包里不易取出的位置，如放在零碎物品下面，或者有拉链的夹层，要知道，如果把钱放在方便取出的位置，小偷也方便盗取。

（3）如果习惯将钱包放在衣服的口袋里，这个口袋最好是比较紧的，而且不要在身体的背后。如果在人群中被人有意用力碰撞，要检查一下钱包是否还在原位，但要注意，不要反应过大，以免过于明显地将钱包位置暴露，因为这有可能是小偷在试探钱包放在了哪里。

（4）如果信用卡被盗，应立即向银行申请挂失。平时，还应将信用卡的号码抄在随时找得到的本子上，因为迟一步挂失，小偷就可以冒用签名刷卡购物或提现，给信用卡失主造成进一步的经济损失。

（5）在自动柜员机上操作时，如果此时有人搭讪，或者告知有钱掉在地上，都不要回头，应迅速结束操作取出自己的卡后，再回答对方。以免被小偷偷窥到密码，用转移注意力的方法将信用卡掉包。

（6）任何时候都不要把身份证和信用卡及银行储蓄卡放在一起。

（7）练习一种不易被模仿的签名，收到银行更新的信用卡或储蓄卡时马上签上名字，并将到期的旧卡及时剪毁。

（8）如果持有的股票和债券可以随时兑换现金，建议不要将它们放在身边，可在银行租一个保管箱专门存放。

（9）在商场试衣时，换下的衣物要由同行的人看管好，不要随意乱放。可先将贵重物品从衣服或包中取出，放入贴身衣服的口袋内，然后将衣服及皮包放置于身边可以看到的地方。在试穿鞋时，应将手提包挂在手臂上或放在眼前的地板上。

（10）无论是在车内或大街上，均不要把手机放在别人一眼看得到的位置，可挂在胸前或腰间。

（11）任何时候都要将包放在自己的视野之内。

（12）最好使用可以扣上包扣和拉链的包，有些包的款式设计是敞开的，小偷可以对包内的物品一目了然。

（13）斜挎包比手拎包要安全些。如果使用双肩背包，建议在外行走时背在前面。

（14）即使是背着安全系数较高的斜挎包，走在人行道上时也要把包转到身体前面，而不要放在侧面甚至是后面。如果边走边打电话，一定要同时留意身体侧后方是否有人。有些盗窃团伙利用小孩进行盗窃，屈起的胳膊，可能正好是看身材矮小的小偷的盲点。

（15）在车站候车时不要点钱，首饰要放在包里边。上车时要护住手机，双肩背包要放在胸前。乘车人较多时，上下车最拥挤，也是小偷最容易作案的时候。在出门之前准备好零钱，或将电子乘车卡放在外面容易翻找的位置，尽量不要在公共场所翻找钱款，以免引起小偷的注意。

（16）上车后应尽量往车里面走，不要挤在车门口，注意警惕故意碰撞或周围紧贴你的人。

（17）在公共汽车或地铁上，抓紧包，这样小偷就无可乘之机。

（18）在办公室里，把包放进可锁起的抽屉，或放在较近而别人又不易发现的角落。

（19）即使在坐轿车时，也要把包放在车外的人看不到的地方，以免因交通拥挤堵车时，小偷从开着的车窗或未锁好车门的车内将包拿走。

（20）如果以为乘坐机场大巴的人素质较高，应该不会有小偷，那就大错特错了。小偷在机场大巴上最常用的行窃手法就是掉包，尤其针对背手提电脑包的人。因此，手提电脑包尽量不要放在上方的行李架上，最好贴身放置。小偷一般会准备好装满旧杂志的电脑包，并用胶水封好，趁人不注意的时候迅速掉包，即使被很快发现，由于打不开用胶水粘上的电脑包，还以为包的拉链坏了的时候，他们已经将到手的电脑转移走了。

（21）在快餐厅、酒楼吃饭时，皮包不要放在脚下或身旁及对面椅子上，衣物不要随意搭挂。如果是在快餐店，包和随身物品放在旁边椅子上，可能一低头的瞬间就被人拎走了。

2．私家车防盗要诀

（1）如果驾驶私家车上下班，遇到乞丐挡在车前就要引起自己的注意。有些乞丐会上演双簧戏，一人缠住司机，一人伺机盗窃。

（2）即使把车辆停在自家门口，也不要掉以轻心，最好把车辆停放在正规停车场或保管站。

（3）车辆停放好，要切记上好防盗锁，或采取其他防范措施。

（4）停车后要带走车上的贵重物品，切记不可将现金、笔记本电脑、提包、金饰等贵重物品放在车里，以防被盗。

安全妙语"谨"上添花：

盗贼目标是财物　　大量现金不能带
钱包手机照看好　　提高警惕免遭殃

二、公民防抢锦囊妙计

1. 公共场所防抢要诀

（1）许多人习惯用单肩直背挎包。许多案例证明这样很不安全，歹徒趁人不备用力一拉便可得手。背挎包方式变直挎为斜挎能大大增加歹徒的作案难度。

（2）行走时，如果身体的左侧靠近路边，那么，背包或手袋应该挎在右边。如果身体的右侧靠近路边，那么，背包或手袋应该挎在左边。这样，如果有犯罪分子企图抢夺包或手袋时，可能会因为增加了逃逸难度而放弃作案。

（3）市民在行走时，不要走机动车道，要走人行道，并且尽量靠内侧行走。不法分子作案时，较多使用摩托车作为工具，往往从背后蹿出，坐在车上对行人顺势抢劫。因此，如果市民有意识地往人行道内侧走，就可以大大增加歹徒的作案难度。

（4）尽量不在走路时打手机或发短信。如果是非打不可的电话，应将手机握在手心里，大拇指压住手机的一侧，其余四指握住手机的另一侧。

（5）在接打移动电话时，应注意前后左右的情况，当发现骑摩托车或其他可疑人向自己走来时，应转身用未握手机的身体一侧面向可疑人并迅速离开。

（6）有一些不法分子驾驶汽车对路人实施抢劫。主要针对的目标对象是女性，而且手段残忍，广大市民要特别留意。

一般来说，此类案件有三大特征：

⦿ 犯罪分子驾驶的车辆多为异地车牌，以微型面包车居多。

⦿ 作案时间多在晚上 9 点以后。

⦿ 作案车辆行驶速度和路线不正常。普通车辆夜晚行驶通常速度较快，而这类车辆速度较慢，走走停停。有时停在路边，发现行人后起动，有时一直在慢速兜圈。

2. 严防陌生人刻意接近

（1）谨防麻醉抢劫。对试图与自己表示亲近的陌生人要有所戒备，不能随意接受对方提供的饮料、茶水、香烟、食物等。

（2）不要随意借手机给陌生人用。

（3）不能轻易让陌生人获悉自己随身携带钱财。一般情况下，作案人不会对一个没有"价值"的目标下手。

（4）与不知底细的生意人见面，最好安排在自己选择的场所，或者提前告诉家人、同事自己的具体去向、事由、时间，或让人定时与自己联系，不给歹徒以可乘之机。

3. 单身女性的防抢要诀

（1）女性外出大多数都随身携带挎包。如果在等人或等车，手拿手提式的包，应用左手或右手抓紧包带，肩背式的包应用胳膊夹紧小包，手抓住包带。

（2）等人或等车时，不要站在偏僻阴暗的街道边沿，尽可能背向墙壁面向街道。当发现有形迹可疑的摩托车、行人朝自己走来时，应立即加强戒备。

（3）女性夜间最好不要一个人单独行走。如果是经常走的街道，要牢记晚上开业的商店、附近的电话亭、派出所或治安点等，要选择有照明设施、行人较多的路线，在中间明亮处行走，不要紧靠路边两侧而行。时刻对路边的黑暗处保持戒备。

（4）如有陌生男人问路，千万不要为他带路，如果发现有人尾随要设法摆脱。

（5）不穿过分暴露的裙子和行动不便的高跟鞋。

（6）不戴金项链、金耳环等显眼首饰。爱美之心人皆有之，但过于显露贵重饰物容易引起小偷的注意而遭抢劫。

4．随身财物防抢要诀

（1）开两个以上的银行账户，平时只带放零用钱（出门够用即可）的提款卡，万一发生意外，能把不幸降到最低。

（2）市民去银行、邮局等处存、取、寄大额现金时，最好两人同行。经验表明，无论是在银行、邮局柜台，还是在 ATM 机上取款时，如果多一个人站在身边，注意观察四周情况，时时给予安全提醒，就能有效地震慑歹徒，防范抢劫案件的发生。

（3）夏季衣着单薄，骑车族不要将手机别在腰间，防止被小偷盯上。

（4）不要将装有贵重物品和钱款的包、袋放在摩托车尾箱里。一些市民因为误将摩托车尾箱当做保险箱。在过十字路口等绿灯放行时最容易被骑摩托车尾随的歹徒下手抢劫。

（5）骑车时要警惕"挑轮"抢夺，这种行窃方式是由其中一人将缠有毛巾的竹竿抛向车轮，当骑车人下车准备解掉缠绕的毛巾时，合伙作案的人就快步上前抓起车篮内的包逃掉了。

（6）骑自行车时尽量不要将值钱的物品放在车篮内，最好将包挎在胸前；如果放在车篮里，一定要将包带绕在车把上；同时在骑自行车时也要对周围情况留意，遇到可疑人，尽量绕行。

（7）乘坐公交车时，不要在靠窗或车门的座位上打电话，也不要翻出钱包。

5．驾车防抢要诀

（1）如果驾驶车辆时遇到"碰瓷"团伙，要冷静处理。"碰瓷"团伙一般由几人配合作案，先由一人开摩托车故意撞车，待驾车司机下车查看原因时，另外的人快速打开副驾驶门，将司机放在车上的重要物品抢走。遇到类似情况，司机应冷静观察周围动态，不要轻易下车。发现异常，立即打电话给朋友或直接打110电话报警。

（2）遇到有可疑"查车"行为时，司机应注意查看警察警服上的警号是否完整，查车所用工作车是否悬挂警用公安机关车号牌等。同时，可以要求查车的警察出示工作证。发现假警察，应立即拨打110电话报警。

（3）给汽车安装防盗抢报警器，一遇被抢及时报警。

（4）在途中行驶到偏僻地段时遇有陌生人拦车，一般不要停车。当车在途中发生故障且又处在人烟稀少或复杂地段时，要及时联系最近的修理厂或打110电话求助。

安全妙语"谨"上添花：

随身财物放稳妥　　生人靠近需警惕
遭遇抢劫大声喊　　穷寇莫追速报警

三、公民防骗锦囊妙计

1. 防"破财消灾"诈骗

不要轻易相信街头陌生人的花言巧语，不要相信"破财可以消灾"的鬼话，以免给骗子可乘之机。遇到有人以"看病消灾"搭讪时，应立即与家人联系或报警，不可轻易将财物交给陌生人。这类骗子一般会先说你家人可能会有"血光之灾"，等你被吓住，心理防线被一步步攻克后，他们就会以祈福消灾的迷信手段，哄骗你拿出巨款进行所谓的"消灾解难"。一旦发现被骗，要迅速拨打110电话报警。

在这类案件中，被骗的人大多相信诈骗分子"不得告诉任何人，否则就不灵验"的所谓忠告，往往只会独自到银行提款，而且会把存折的钱全部提光。因此，银行的工作人员对单独前往提取巨款且神情可疑的中老年妇女要给予必要的提醒。

2. 防"意外之财"诈骗

如果有人在你面前拣到一个钱包、一包欧元甚至金砖等，接下来对方会提出平分的要求，但是你需要先垫上金项链、手机或者现金。如果你此时动了贪念，那么破财的肯定是你。

因此，当有陌生人通过各种方式，主动献上"殷勤"或"意外之财"时，要特别留意可能面临的是一场骗局。市民要戒除贪念，千万别轻易相信陌生人。遇到骗局，不要上当并及时报警。

3．防易碎品诈骗

谁都有不小心的时候，如果你真不当心碰碎了别人的眼镜、瓷器等易碎物品，而对方狮子大开口向你索要赔偿，这时你别犹豫，应该及时打电话报警，别糊里糊涂就把钱给人骗走了。因为有些不法分子趁行人经过身边时故意将自己的眼镜、瓷器类等易碎物品扔到地上，然后趁机诈骗钱财，遇到这种情况不要被其吓住，可以请路人配合及时拨打110电话报警，或者请附近的民警和保安员帮忙抓获不法分子。

4．防短信诈骗

如果你的手机收到一些陌生号码发来的短信，告诉你幸运地"中奖"时，多个心眼儿，因为你的信以为真，将会让你没拿到奖品，就先奉献出了所谓的"奖金税""手续费"给骗子们。

在通信发达的今天，骗子经常会借助一些设备天女散花般大量发放各种欺诈信息，比如"你中某某奖了""你被授予某某荣誉""你被邀请参加某某光荣的活动"等，骗子用此类令人心动的利益引诱，且要你通过汇款、转账等形式，交纳一定的"手续费""奖金税""工本费"，而这些"费用"与他们所给的名利相比，往往让受骗者觉得"物有所值""本小利大"。只要有人上当回电，这些骗子就会要求将奖品邮寄费打入某个银行账号。诈骗分子设法

将钱取走。天下没有免费的午餐，凡事要多留个心眼，意外送来的名利背后往往有诈，收到陌生手机号码或有关"中奖"之类的信息时，不仅自己不要理会，还要提醒周围的亲友多加防范，切莫陷入骗局。

安全妙语"谨"上添花：

骗子诈骗手法多　　提高警惕别中招
意外之财不可取　　识破骗局方保财

第四章

走出国门勿忘安全 旅游出差谨防伤害

第一节 准备充分利于出行

一、出行必备身份证件

旅行在外，要养成随身携带身份证件的习惯。遇意外情况时，明确的身份信息是当事人获得及时、有效救助的基本条件之一，也是事后办理索赔、救济等善后手续的基本要求。

1. 证件种类

在境外期间的身份证件包括护照、旅行证、当地的居留证、工作许可证、社会保险卡等。许多情况下，国内的居民身份证也可帮助中国驻外使领馆确定当事人的身份。

2. 个人信息卡

如在境外停留时间长，且当地没有规定外国人必须随身携带护照备查时，为避免证件丢失，建议将护照资料页复印，复印件背后写上紧急情况联系人的姓名、地址、电话，将此页塑封做成两份"个人信息卡"，一份本人长期随身携带，一份留在国内直系亲属处以备不时之需。

> 安全妙语"谨"上添花：
>
> 出国护照很重要　　证明身份全靠它
> 重要证件随身带　　一旦丢失麻烦大

二、出行前购买意外伤害保险

旅行在外，出现意外情况的概率增加，且国外医疗费用普遍较高，建议出行前和在海外居留期间，购买必要的人身意外和医疗等方面的保险，以防万一。同时，个人购买保险的有关情况也要及时告知家人。

三、针对目的国国情做好相应准备

尽可能多地了解目的国的国情，包括风土人情、气候变化、治安状况、艾滋病及流行病疫情、海关规定（食品、动植物制品、外汇方面的入境限制）等信息，并有针对性地采取必要的应对和预防措施。

1. 预防接种

根据目的国的疫病流行情况，进行必要的预防接种，并随身携带接种证明（俗称"黄皮书"），以备进入目的国边境时接受检查。

2. 检查证件

检查护照的有效期（剩余有效期应在一年以上）、空白页（应有两页以上空白页），办妥目的国入境签证和经停国家的过境签证，确定是否应携带"黄皮书"，核对机（车、船）票上的姓名、时间、地点等信息，以防因证件问题影响旅行。

3. 预防万一

认真阅读相关旅行注意事项及安全常识，查明目的国的中国使馆或领事馆的联系方式，旅行中尽量规避风险，同时还要确保紧急情况下能够及时联络求助。

4. 少带现金

尽量避免携带大额现金出行，建议使用银行卡。如银联卡，目前已可在全球许多国家使用，出境前可查询确认，以方便旅行。

如需携带大额现金，要确保做好安全防范，入出境时必须按规定向海关申报，还要注意目的地国家的外汇限制。

5. 勿带禁品

严禁携带毒品、国际禁运物品、受保护动植物制品及前往国禁止携带的其他物品。

切勿为陌生人携带行李或物品，防止在不知情的情况下为他人携带了违禁品而引来法律麻烦。

6. 慎带药品

慎重选择携带个人物品，在海关规定允许的范围内选择所携带药品的品种和数量。

携带治疗自身疾病的特殊药品时，建议同时携带医生处方及药品外文说明和购药发票。

7. 配合审查

赴目的国的意图应与所办理的签证种类相符，入境时要主动配合目的国出入境检察机关的审查，如实说明情况。对外沟通时要保持冷静、理智，避免出现过激言行或向有关官员"塞钱"，以免授人以柄。

8. 谨慎签字

在入境国遭遇特殊审查时，如不懂当地语言，切忌随意点头应允或在文件上签字。可立即要求提供翻译或由亲友代行翻译。如被要求在文件上签字，应请对方提供中文版本，阅读无误后再做决定。

9. 入境惯例

当目的国对您的入境意图、停留时间、入境次数等抱有怀疑态度时，即使您已取得该国签证，该国也有权拒绝您入境并拒绝说明理由。

10. 维护权益

如被目的国拒绝入境，在等待该国安排交通工具返回时，应

第四章 | 走出国门勿忘安全 旅游出差谨防伤害

要求该国提供人道待遇，保障饮食、休息等基本权利。否则，应立即要求与中国驻当地使领馆联系。

11. 常念家人

出行期间要与家人和朋友保持联系，及时向家人告知自己在外旅行日程、联络方式。

在外旅行、居留期间，可选择电话、电邮、短信等多种方式保持与家人和朋友的经常性联系。

安全妙语"谨"上添花：

出国准备要做足　　各种情况考虑到
遵守目的国规定　　合法出行保安全

第二节　进入目的国的安全注意事项

一、出行安全，管好财物

1. 不露富，不炫富。
2. 乘坐公共交通工具，事先准备好零钱。
3. 不随身携带大额现金、贵重物品，也不在住处存放。
4. 最好在白天人多处使用自动取款机，取款时最好有朋友在身边。
5. 因商业往来等原因收到大额现金后，建议立即存入银行。
6. 妥善保管证件。
7. 如丢失银行卡，应立即报警并打电话到发卡银行进行口头挂失，回国后再办理有关挂失的书面手续。

> **安全妙语"谨"上添花：**
>
> 少量现金身上带　　刷卡购物最方便
> 贵重物品不外露　　取款注意保安全

二、牢记环境特征，注意人身安全

1. 出行时，如发现可疑情况，要留心周围环境的特征，如地点、地形、车辆、人们的行为、衣着等可辨认的细节，以利于意外情况发生后协助警察抓到罪犯。

第四章 | 走出国门勿忘安全　旅游出差谨防伤害

2. 上街行走应走人行道，避免靠机动车道太近。

3. 携物（背包、提包等）行走，物品要置于身体远离机动车道的一侧。

4. 在摩托车盛行的国家或地区，应严防飞车抢劫。遭遇飞车抢劫时不要生拉硬夺，避免使自己受伤。

5. 过马路要走人行横道、过街天桥或地下通道。

6. 走人行横道时，应遵守交通规则，确认安全后迅速通过。

7. 在实行左侧通行的国家（如英国、澳大利亚、日本等）要注意调整行走习惯，确保安全。

8. 不要边看地图边过马路。

安全妙语"谨"上添花：

　　陌生环境要留意　　路遇抢劫要报警
　　位置特征心中记　　遵守规则平安行

三、目的国安全行为准则

1．减少夜行

（1）远离偏僻街巷及黑暗地下道，夜间行走尤其要选择明亮的道路。

（2）尽量避免深夜独行，尤其要避免长期有规律的夜间独行。

2．慎选场所

不去名声不好的酒吧、俱乐部、卡拉 OK 厅、台球厅、网吧等娱乐场所。

3．慎对生人

（1）不搭陌生人的便车，不亲自为陌生人带路，不要求陌生人带路，不与不熟悉的人结伴同行。

（2）回避大街上主动为你服务的陌生人，不接受陌生人向你提供的食物、饮料。

4．安全驾车

（1）夜晚停车应选择灯光明亮且有较多车辆往来的地方。

（2）走近停靠的汽车前，应环顾四周，观察是否有人藏匿，提早将车钥匙准备好，并在上车前检查车内情况，如无异常，快速上车。

（3）上车后要记得锁上车门，系上安全带。

（4）下车时勿将手包等物品留在车内明显位置，以防车窗遭砸、物品被窃。

5. 配合警察

遇到当地警察拦截检查时，应立即停下，双手放在警察可以看到的地方，切忌试图逃跑或双手乱动。请警察出示证件明确其身份后，配合检查和接受询问。

6. 谨防勒索

如遭遇警察借检查之机敲诈勒索，应默记其证件号、警徽号、警车号等信息，并尽量明确证人，事后及时向当地政府主管部门和中国驻当地使领馆反映。

7. 结伴出行

最好结伴外出游玩、购物、赴外地、外出游泳、夜间行走、海中钓鱼、戏水时尤其要注意结伴而行。

8. 与众同坐

（1）乘坐公共交通工具时，尽量和众人或保安坐在一起，或坐在靠近司机的地方。

（2）不要独自坐在空旷车厢，也尽量不要坐在车后门人少的位置。

（3）尽量避免在偏僻的汽车站下车或候车。

9. 预防溺水

（1）选择有救生员监护的合格游泳场游泳，避免在野外随兴下水。

（2）雷雨或风浪大的天气不宜游泳。

（3）独自驾船、筏要备齐救生设备，包括救生衣、呼救通信设备，并应尽量避免独自驾船、筏赴陌生水域。

（4）乘坐船、筏，要遵守水上安全规定，了解和掌握救生设备的使用方法，并听从安全人员的指挥。

安全妙语"谨"上添花：

减少夜行少走动　　情况不明别乱闯
配合检查防勒索　　人身安全第一位

四、目的国居住安全注意事项

1. 居住安全，合法租房

（1）了解当地房屋租售管理机关的名称、职能，按照相关指导租住房屋。

（2）租房应通过合法房屋中介，尽量选择在治安、环境条件较好的住宅区寻租，并签订完备的租住合同。

2. 慎选合租

（1）不与陌生人合租。

（2）与友人合租时应注意保护个人隐私，妥善保管个人证件，防止银行卡遗失、密码泄露。

3. 严防陷阱

（1）租房过程中注意留存相关广告、收据、合同等文件证据。

（2）警惕低价出租广告，勿因贪图廉价、方便而落入不法房主的圈套。

（3）当遭遇租房陷阱、被骗或被盗时，应及时向当地房屋租售管理部门投诉、向警方报案或采取进一步法律行动。

4. 熟悉警局

了解所在区域警署的位置、主管警官的姓名、报警电话或紧急求助电话，将有关信息记录做成随身携带的卡片备用。

5. 针对性防范

了解社区治安状况，根据当地突出问题或频发案件类型，采取相应的安全措施，也可以移租到治安情况较好的地区。

6. 居家提醒

（1）家里不要存放大额现金。即使家中有保险箱，也不要放置在客厅或门厅，以防不法分子从门口窥视到。

（2）应根据当地社会治安状况，选择安装相应的居室防盗、报警设施，保证居住安全。

（3）独自在家时要保持门窗关闭（上锁）。

（4）在楼房底层居住，尽量选择空调纳凉。

（5）养成就寝时确认水、电、燃气、门、窗关闭（上锁）的良好习惯。

7．屋外安全

（1）夜间返家时应尽量乘电梯，不要走楼梯。

（2）应在到家之前提前准备好钥匙，不要在门口寻找。

（3）开门前注意是否有人跟踪或藏匿在住处附近的死角。若发现可疑现象，切勿进屋，应立刻通知警方。

（4）夜间送朋友回家时应等朋友平安进入家门后再离开。

8．慎邀入户

（1）不熟悉的朋友，不轻易带回家。

（2）不为陌生人开门，不让送报员、送奶工等服务人员进门。

（3）预约修理工上门服务，应选择在有亲友陪伴或告知邻居的情况下进行，不与外来人员谈论个人或家庭情况。

9．及时求救

遇陌生人在门口纠缠并坚持要进入室内时，可在拒绝的同时打电话报警，或者到阳台、窗口高声呼喊，向邻居、行人求援。

10．居家防火

（1）**防止易燃气体泄漏引起火灾**　使用煤气等可燃气体，室内应具备通风条件。发现漏气现象，切忌使用明火寻找漏源，也不要开灯、打电话，应迅速关闭阀门，打开门窗通风。

（2）**防止用电不慎引发火灾**　要经常检查家用电器线路、插座，线路老化、受损，插座接触不良均可能导致线路发热引发火灾。不超负荷用电，不用其他导线代替熔丝。

（3）防止烤火取暖引发火灾　不在家中存放大量易燃液体。烤火取暖避免使用汽油、煤油、酒精等易燃物引火。火炉及电暖器周围不堆放可燃物，不在蒸汽管道、取暖器材周围烘烤衣物。老人、小孩烤火取暖需有人监护。

11．安全出口

进入建筑物时先观察安全出口（紧急通道）的位置，尤其是到达住地或下榻酒店时，应首先确认消防设施和安全出口位置，确认紧急通道是否畅通，以便紧急情况下自救和逃生。

12．预防触电

（1）家用电器、电源设备等出现故障应寻求专业修理人员的帮助，避免自行带电维修。

（2）勿用湿手更换灯泡、灯管；勿用湿布、湿纸擦拭灯管、灯泡。

（3）发现有人触电，要立即切断电源。无法切断电源时，不能直接用手拉救，要用木棍使触电者和带电体脱离。

13．居家防雷

（1）打雷时，应关闭电视机、电脑，更不能使用电视机的室外天线，因为雷电一旦击中电视天线，会沿电缆线传入室内，威胁电器和人身安全。

（2）雷雨天气，勿打手机或有线电话，应在雷电过后再拨打，以防雷电波沿通信信号入侵，造成人员伤亡。

（3）不要靠近窗户，或把头、手伸出户外，更不要用手触摸窗户的金属架，以防受到雷击。

14．野外防雷

（1）若在路上、田野等处遇雷雨天气无处躲避时，最好的应急措施是迅速蹲下，使身体的位置越低越好，人体与地面接触面越小越好，离铁路钢轨、高压线越远越好。

（2）迅速关闭手机，不拨打或接听手机。

15．医疗安全，购买保险

了解当地医疗制度、费用情况，结合自身身体情况制订适宜的医疗计划，选择购买适合的医疗保险。

16. 应急救治

了解附近药店、医院的具体位置，熟记当地的急救电话。并将医院地址、急救电话等信息记录在随身卡片上，以备不时之需。

17. 关注疫情

关注当地报纸、电视等新闻媒体，了解有无疫情暴发。

18. 饮食卫生

（1）在日常生活中注意饮食卫生，照顾好自己的身体。

（2）不吃不新鲜的食物和变质的食物，不吃陌生人给的食物，不吃捡拾的食物，不采摘非食用蘑菇和其他不认识的食物。

（3）注意食品保质期和保质方法。加工菜豆、豆浆等豆类食品时须充分加热。不吃发芽、发霉的土豆和花生。保持饮用水和厨房用水清洁，否则，应把水煮沸或进行消毒处理后再饮用。

19. 中毒救治

发生食物中毒，应立即停止食用可疑食品，赴医院寻求专业救治，或在专业人员的指导下，采取饮水、催吐、导泻等方法进行自救。

20. 抑制传染病

有效抑制传染病流行的关键在于切断传染病的传播链：控制传染源、切断传播途径、保护易感染人群。

21．预防先行

（1）养成讲卫生的好习惯，注意个人卫生、食品卫生、环境卫生。

（2）加强身体锻炼，提高免疫能力。

（3）按规定接种疫苗。对传染病人要早发现、早报告、早治疗、早隔离。防止交叉感染。

安全妙语"谨"上添花：

租住房屋要合法　　隐私保密防诈骗
贵重物品保管好　　饮食卫生也重要

第三节　目的国突发事件应对指南

一、袭击（偷盗、抢劫、行凶、人身侵害）应对指南

1. 在公共场所遭遇袭击，要大声呼救，吓阻坏人，为自己壮胆，伺机逃脱。
2. 在偏僻的地方遭遇袭击，切记保命为重，避免为保全财物而遭受人身伤害。
3. 记住不法分子及其使用的交通工具和周围环境的特征，尽快报案。报案既是为自己，也是为他人，避免因不愿报案，在当地形成中国人胆小、好欺负的印象。
4. 还要向中国驻当地使领馆反映情况，便于使领馆及时向当地政府提出交涉。
5. 及时与家人、朋友联系，告知案情。避免家人、朋友因信息不畅被不法分子借机欺骗、敲诈。

> **安全妙语"谨"上添花：**
>
> 路遇袭击先呼救　　财物没有生命重
> 记住特征好描述　　联系家人莫吃亏

二、恐怖袭击应对指南

遭遇恐怖袭击时，首要的是做到沉着冷静，不要惊慌。

1. 遭遇炸弹爆炸袭击

应迅速背朝爆炸冲击波传来的方向卧倒，如在室内，可就近躲避在结实的桌椅下。爆炸的瞬间应屏住呼吸、张口，避免爆炸所产生的强大冲击波击穿耳膜。寻找、观察安全出口，挑选人流少的安全出口，迅速有序地撤离现场，并且及时报警。

2. 遭遇匪徒枪击扫射

应快速放低身体，利用墙体、立柱、桌椅等掩蔽物迅速向安全出口撤离。来不及撤离就迅速趴下、蹲下或隐蔽于掩蔽物后，迅速报警，等待救援。

3. 遭遇有毒气体袭击

尽可能利用环境设施和随身携带的手帕、毛巾、衣物等遮掩口鼻，避免或减少毒气侵害。尽可能戴上手套，穿上雨衣、雨鞋等，或用床单、衣物遮住裸露的皮肤。尽快寻找安全出口，迅速有序地撤离污染源或污染区域，尽量逆风撤离。及时报警，请求救助，并进行必要的自救互助，采取催吐、洗胃等方法，加快毒物的排出。

4. 遭遇生物恐怖袭击

应迅速利用手帕、毛巾等捂住口鼻，有条件时及时戴上防毒面罩，避免或减少病原体的侵袭和吸入。尽快寻找安全出口，迅速撤离污染源或污染区域。及时报警，请求救助。

> **安全妙语"谨"上添花：**
>
> 遇到袭击要冷静　　盲目奔逃会丢命
> 及时寻找避难所　　快速逃生最重要

三、火灾应对指南

1. 熟记所在国火警电话，并将电话号码填写在随身卡片上，遭遇火灾时应迅速报警求救。

2. 在烟火中逃生要尽量放低身体，最好是沿着墙角匍匐前进，并用湿毛巾等捂住口鼻。必须经过火场逃离时，应披上浸湿的衣服或毛毯、棉被等，迅速脱离火场。

3. 从三楼以下楼层逃生时，可以用绳子或床单、窗帘拴紧在门窗和阳台的构件上，顺势滑下。或者利用结实的竹竿、室外牢固的排水管等逃生。

4. 若逃生路线被封锁，应立即返回未着火的室内，用布条塞紧门缝，并向门上泼水降温。同时向窗外抛扔沙发垫、枕头等软物或其他小物件发出求救信号，夜间可通过手电发出求救信号。

5. 公众聚集场所发生火灾，应听从指挥，就近向安全出口方向分流疏散撤离，千万不要惊慌、拥挤造成踩踏伤亡。在人群中前行时，要和人群保持一致，不要超过他人，也不要逆行。若被推倒在地，首先应保持俯卧姿势，两手抱紧后脑，两肘支撑地面，

胸部不要贴地,以防止被踏伤,条件允许时迅速起身逃离。

6. 高层建筑发生火灾,应用湿棉被等物作掩护快速向楼下有序撤离。应选择烟气不浓、大火未烧及的楼梯、应急疏散通道逃离火场。必要时结绳自救,或者巧用地形,利用建筑物上附设的排水管、毗邻的阳台、临近的楼梯等逃生。在无路可逃的情况下,到室外阳台、楼顶平台等待救援。不能乘电梯逃生。

7. 汽车发生火灾时,应迅速逃离车身。若车上线路烧坏,车门无法开启,可就近自车窗下车。若车门已开启但被火焰封住,同时车窗因人多不容易下去,可用衣服蒙住头部从车门处冲出去。

8. 地铁发生火灾,应利用手机、车厢内紧急按钮报警,并利用车厢内干粉灭火器进行扑救。无法进行自救时,应听从相关人

员的指挥，有序地安全逃生。不要大喊大叫、惊慌失措，也不能从行驶中的列车车窗跳下。

安全妙语"谨"上添花：

火警电话要牢记　　遇到火情速求救
利用工具听指挥　　科学逃生保安全

四、洪水应对指南

1. 提早撤离，紧急时登高躲避，危机时就近攀爬树木、高墙、屋顶（不要爬到泥坯房屋顶），不要惊慌失措，不要游泳逃生，不要接近或攀爬电线杆、高压线、铁塔。

2. 携带可长期保存的食品、足够的饮用水和其他生活必需品。

3. 用可漂浮物自救。若被洪水卷走，要尽可能抓住固定或漂浮的物品。

4. 可以用移动电话寻求救援。如情况允许，应将移动电话充足电并使用塑料袋密封包裹，以保证电话能正常使用。

5. 身着颜色醒目的衣服便于搜救人员识别、寻找。选择衣服时，要注意衣服颜色与附近房屋屋顶颜色、植物颜色相区别。

安全妙语"谨"上添花：

提前撤离危险点　　牢记临时避难所
食物饮水要保障　　通信畅通易搜救

五、地震应对指南

1. 地震发生时应沉着冷静,不要惊慌。

2. 如果地震发生时在室内,应迅速关掉电源、气源。蹲下,寻找掩体并抓牢。可利用写字台、桌子或者长凳下的空间,或者身子紧贴内部承重墙作为掩护,双手抓牢固定物体。如果附近没有写字台或桌子,用双臂护住头部、脸部,蹲伏在房间的角落。远离玻璃制品、建筑物外墙、门窗以及其他可能坠落、倒塌的物体,例如灯具和大衣柜等。在晃动停止并确认户外安全后,方可离开房间。不要站在窗户边或阳台上。不要跳楼或破窗而出。切勿使用电梯逃生。

3. 如果地震发生时在室外,应远离建筑区、大树、大型广告牌、立交桥、街灯和电线电缆,待在空旷地区原地不动。

4. 如果地震发生时在开动的汽车上,在确保安全的情况下,应尽快靠边停车,留在车内。不要把车停在建筑物下、大树旁、

立交桥或者电线电缆下。不要试图穿越已经损坏的桥梁。地震停止后再小心前进，注意道路和桥梁的损坏情况。

5. 如果地震发生时被困在废墟下，要坚定意志，就地取材加固周围的支撑。不要向周围移动，避免扬起灰尘。用手帕或布遮住口部。敲击管道或墙壁以便救援人员发现。有条件的话，最好使用哨子。在其他方式都不奏效的情况下再选择呼喊，因为，喊叫可能使人吸入大量有害灰尘并消耗体能。不在封闭室内使用明火。

安全妙语"谨"上添花：

突发地震不惊慌　　被困应找避难处
震级不大迅速逃　　敲击物品待救援

六、台风、飓风应对指南

1. 台风(飓风)到达前，要随时通过电台、电视了解台风(飓风)

移动情况及政府公告，确保门窗牢固，熟悉安全逃离的路径和当地的避难所，准备不易变质的食品及罐装水、自救药品和一定现金，保证家用交通工具可正常使用，并加足燃料，随时听从政府公告指示，撤至安全区域。

2. 台风（飓风）来临时，应紧闭门窗，关闭室内电源，尽量避免使用电话、手机。远离门窗和房屋的外围墙壁，躲到走廊、空间小的内屋、壁橱中，或者地下室或半地下室。不要外出。

3. 如在室外，不要在大树下、临时建筑物内、铁塔或广告牌下避风避雨。不要在山顶和高地停留，要避开孤立高耸的物体。

4. 若在水上，应立即上岸。

5. 若在汽车上，立即离开汽车，到安全住所内躲避。

6. 若在公共场所，要服从指挥，有秩序地向指定地点疏散。

7. 未收到台风（飓风）离开的报告前，即使出现短暂的平息仍须保持警戒。

8. 台风（飓风）过后，应注意检查煤气、水、电路的安全性，不使用未被确认为安全的自来水，不要在室内使用蜡烛等有明火的燃具。在室外行走，遇路障、被洪水淹没的道路或不坚固的桥梁时，应绕行，并注意不要靠近静止的水域，静止的水域很可能因为电缆或电线损坏而具有导电性。

安全妙语"谨"上添花：

天气预报很重要　　如有警报固门窗
及时前往避难所　　不能外出屋内躲

第四章 | 走出国门勿忘安全　旅游出差谨防伤害

第四节　目的国特殊地理环境、气候应对指南

一、热带雨林气候应对指南

提前做好疾病疫苗注射，准备祛湿防暑药品，多喝淡盐水、吃清淡食品，保持身体健康，提高免疫能力。

1. 防病

（1）准备必要的药品，如蛇药片、预防疟疾的药品、肠胃药、云南白药、酒精、碘酒、药棉、纱布和绷带等。

（2）携带充足的饮用水，如需取用自然水源，务必加热煮沸后再饮用。

2. 防蛇咬

（1）用木棍拨打草丛，将蛇惊走。

（2）一旦不小心被毒蛇咬伤，不要惊慌，要及时寻求专业医疗救治，并在此前迅速自救。

（3）自救处置时，应先把伤口上方（靠心脏一方）用绳或布带缚紧，再用力挤压伤口周围的皮肤组织，将有毒素的血液挤出，然后用清水、唾液洗涤伤口，同时可服下解蛇毒药片，并用药片涂抹伤口。

3．避雷击

（1）如果在雨林中遇到雷雨，可到附近稠密的灌木带躲避，不要躲在高大的树下。

（2）避雨时应把金属物暂存放到附近一个容易找到的地方，不要带在身上。

4．防蚊

（1）不要穿短衣裤，应穿长袖衣服和长裤，并应扎紧裤腿和袖口。

（2）当夜幕降临时，最好支起帐篷或蚊帐睡觉，以防蚊虫叮咬。

5．防水蛭

（1）在鞋面上涂肥皂、防蚊油可防止水蛭上爬，大蒜汁也可驱避水蛭。

（2）喝开水，防止生水中水蛭幼虫进入体内寄生。如被水蛭叮咬，勿用力硬拉，可拍打使其脱落。

（3）也可用肥皂液、浓盐水，或用火烤使其自然脱落。压迫伤口止血，或用炭灰研磨成末，或用捣烂的嫩竹叶敷于伤口。

安全妙语"谨"上添花：

注射疫苗防疾病　　各种伤害考虑到
应急药品要备齐　　蚊虫叮咬防护好
雨林气候防雷击　　避开高大建筑体

二、寒冷气候应对指南

1. 预防雪盲，要备墨镜或太阳镜。
2. 预防干燥可使用润肤露和润唇膏。
3. 风雪天外出应戴上手套、防寒帽、耳朵套防冻。保持脚部的温暖干燥，袜子湿了要及时更换，风大时应停止户外活动。经常按摩揉搓冻伤部位以促进血液循环。在高海拔地区，可补充吸氧，促进血液循环。

三、高原环境应对指南

1. 患有严重心肺疾病者应避免前往高原地区。
2. 保持良好的心态，消除恐惧心理，避免过度紧张。
3. 限制体力消耗，避免剧烈的运动，保持良好的食欲及体重平衡。
4. 保证充足的睡眠，不要暴饮暴食，不要酗酒，刚到达高原地区几天内不要洗澡。
5. 在专业人员指导下服用抗高原反应药物。适当吸氧。当反应症状加重时，应及时到医院就诊。

安全妙语"谨"上添花：

寒冷气候要防冻　　高原反应勤吸氧
保持体力不紧张　　国外之行才顺畅

第五章

意外事故别慌张
应急救援帮大忙

第一节 家用电、气、水事故应急

一、用电事故应急

电流对人体的损伤主要是电热所致的灼伤和强烈的肌肉痉挛，影响到呼吸中枢及心脏，引起呼吸困难或心跳骤停。严重电击伤可致残，甚至直接危及生命。

1. 一旦发现有人触电，应立即拉下电源开关或拔掉电源插头，若无法及时找到电源开关或断开电源，可用干燥的竹竿、木棒等绝缘物挑开电线，使触电者迅速脱离电源。切勿用潮湿的工具或金属物拨电线，切勿用手触及触电者，切勿用潮湿的物件搬动触电者。

2. 将脱离电源的触电者迅速移到通风干燥处仰卧，将其上衣和裤带放松，观察触电者有无呼吸，摸一摸颈动脉有无搏动。

第五章 | 意外事故别慌张　应急救援帮大忙

3. 若触电者呼吸及心跳均停止，应在做人工呼吸的同时实施心肺复苏抢救，并及时拨打120电话呼叫救护车，并将触电者送医院，途中绝对不能停止施救。

安全妙语"谨"上添花：

电流危险防触电　　保持绝缘忙施救
心肺复苏要跟上　　及时联系救护车

二、电梯事故应急

电梯是高层建筑中重要的运载工具，一旦出现故障，可能发生乘客被困、电梯坠落等危险事故。

1. 电梯速度不正常时，应两腿微微弯曲，上身向前倾斜，以应对可能受到的冲击。

2. 电梯突然停运时，不要轻易扒门爬出，以防电梯突然开动，造成伤亡。

3. 被困在电梯内时，应保持镇定，立即用电梯内警铃、对讲话机或电话与有关人员联系，等待外部救援。如果无法与外界取得联系，可以大声呼叫或间歇性地拍打电梯门。

4. 如电梯运行途中发生火灾，应使电梯在就近楼层停靠，并迅速从楼梯逃生。

安全妙语"谨"上添花：

电梯停顿遇危险　　双腿弯曲体前倾
临时被困按警铃　　运行起火速逃生

三、液化石油气钢瓶泄漏事故应急

液化石油气钢瓶发生泄漏，可导致人中毒，甚至引发火灾或爆炸。

一旦发生液化石油气泄漏或起火事故，应迅速关闭气瓶瓶阀，然后打开门窗通风，切勿触动电话、室内电器开关。如气瓶泄漏无法制止，应立即将气瓶移至室外通风良好且无明火的安全地方，离开泄漏液化石油气的房间，及时拨打供气单位维修电话或110、119电话报警。

四、饮用水污染事故应急

1. 当饮用水被污染时，应立即停止使用，及时向有关卫生监督部门或疾病预防控制中心报告情况，并告知居委会、物业管理部门和周围邻居停止使用被污染的水。

2. 用干净容器留取3至5升水作为样本，提供给卫生防疫部门检测。

3. 若不慎饮用了被污染的水，应密切关注身体有无不适，如果出现异常状况，应立即到医院就诊。

安全妙语"谨"上添花：

煤气泄漏危险大　　关闭开关速通风
饮水污染要上报　　积极防疫不饮用

五、火灾事故应急

1. 家庭火灾应急措施

家庭火灾一般是由于人们疏忽大意造成的。家庭火灾往往发生的很突然，令人防不胜防，导致严重的后果。

（1）炒菜油锅着火时，应迅速盖上锅盖灭火。如没有锅盖，可将切好的蔬菜倒入锅内灭火。切忌用水浇，以防燃着的油溅出来，引燃厨房中的其他可燃物。

（2）电器起火时，应先切断电源，再用湿棉被或湿衣服将火压灭。若电视机起火，灭火时要特别注意从侧面靠近电视机，以防显像管爆炸伤人。

（3）逃生时不要留恋室内财物，如已脱离室内火场，千万不要为财物而返回火灾现场。

（4）逃生时要尽量放低身体，最好是沿墙角蹲伏前进，并用湿毛巾或湿手帕等捂住口鼻，背向烟火方向迅速离开。

2. 高楼失火

高层建筑楼道狭窄、楼层高，发生火灾时不容易逃生，救援困难，且常因人员拥挤阻塞通道，造成互相踩踏的惨剧。

（1）应及时报警，及时扑救，可利用各楼层的消防器材扑灭初起火源。

（2）离开房间后一定要随手关紧房门，使火焰、浓烟控制在一定的空间内。

第五章 | 意外事故别慌张　应急救援帮大忙

（3）逃生时不要使用电梯，更不要盲目跳楼。楼层不高的，可用绳子或床单、窗帘等撕成条状，连接起来，紧拴在窗户框上，顺势滑下，或者利用竹竿、室外的下水管等逃生。还可利用阳台或晒台，用木板、竹竿等搭在邻居家的阳台、晒台上，爬过去逃生。

（4）当通道被火封住，无法逃离时，可靠近窗台和阳台呼救，同时关紧迎火门窗，用湿毛巾、湿布堵塞门缝，用水淋透房间，防止烟火侵入，等待救援。

3．人员密集场所火灾应急措施

酒店、影剧院、超市、体育馆、大型娱乐场所等人员密集的场所一旦发生火灾，常因人员慌乱、拥挤而阻塞通道，发生互相

全民公共安全知识宣传教育手册

踩踏的惨剧,或由于逃生方法不当,造成人员伤亡。

(1)发现初起火灾,应及时报警并利用楼内的消防器材及时扑灭。

(2)要保持头脑清醒,千万不要惊慌失措、盲目乱跑。

(3)火势蔓延时,应用湿毛巾或湿衣服遮掩口鼻,放低身体姿势,浅呼吸,快速、有序地向安全出口撤离。尽量避免大声呼喊,防止有毒烟雾吸入呼吸道。

(4)离开房间后,应关紧房门,将火焰和浓雾控制在一定的空间内。

(5)利用建筑物阳台、避难层、室内布置和缓降器、救生袋、应急逃生绳等逃生,也可将被单、台布结成牢固的绳索,牢系在窗栏上,顺绳滑至安全楼层。

(6)逃生无路时,应靠近窗户或阳台,关紧迎火门窗,向外呼救。

4. 汽车失火应急措施

汽车失火不仅威胁司乘人员的生命安全、毁损车辆，而且还会影响交通秩序。

（1）**汽车发动机起火**　迅速熄火停车，切断电源，用随车灭火器对准火的根部灭火。

（2）**车厢货物起火**　立即将汽车驶离危险地段或人员集中场所，并迅速报警。同时，用随车灭火器扑救。周围群众应远离现场，以免发生爆炸时受到伤害。

（3）**汽车加油过程中起火**　立即停止加油，疏散人员，并迅速将车开出加油站，用灭火器及衣服等将油箱上的火焰扑灭。地面如有漏洒的燃料着火，立即用灭火器或沙土将其扑灭。

（4）**汽车被撞后起火**　先设法救人，再进行灭火。

（5）**公交车在运营中起火**　立即开启所有车门，让乘客有序地下车。同时，迅速用随车灭火器扑灭火焰。若火焰封住了车门，乘客可用衣服蒙住头部，从车门冲下；或者打碎玻璃，从车窗逃生。

5. 森林火灾应急措施

森林火灾是指失去人为控制，在林地内自由蔓延和扩展，对森林、自然生态系统和人类造成危害和损失的林火灾害。

（1）发现森林火灾，应立即向当地村组、机关、企事业单位求救或向当地政府、森林防火指挥部报告，在有关部门的统一组织和指挥下参加扑救，严禁单独行动。

（2）在山高坡陡、地形复杂、风向多变的特殊条件下，夜间对火场原则上围而不打，应组织开设防火隔离带间接扑打。

（3）千万不要进入三面环山、鞍状山谷、狭窄草塘沟、窄谷、向阳山坡等地段直接扑打火头。

（4）陷入危险环境时，要迅速进入火烧迹地避火、无法突围时要选择植被少、火焰低的地区扒开浮土直到见着湿土，把脸放进小坑里面，用衣服包住头，双手放在身体正面，避开火头。

安全妙语"谨"上添花：

初起火灾先扑救　　同时拨打"119"
火势蔓延迅速逃　　自救互救记心中

六、中毒事故应急

1. 刺激性气体中毒应急措施

刺激性气体是指对皮肤、眼、呼吸道黏膜有刺激作用的有害气体的统称，是工业生产中最常见的有害气体，常因意外事故而造成生产工人或公众急性中毒。常见的刺激性气体有氯气、氨气、氮氧化物气体、光气、氟化氢、二氧化硫等。

（1）发生中毒事故区域（特别是下风向）的人员应尽快撤离或就地躲避在建筑物内。

（2）立即将病人移到空气新鲜的地方，脱去污染衣服，迅速用大量清水清洗被污染的皮肤，同时要注意保暖。眼睛被污染者，用清水至少持续冲洗10分钟。

（3）保持呼吸道畅通，若有条件可使用雾化支气管解痉剂，必要时请医务人员实行气管切开术。

（4）对呼吸、心跳停止者应立即施行人工呼吸和胸外心脏按压，有条件的可肌肉注射呼吸兴奋剂等，同时给氧。病人自主呼吸、心跳恢复后方可送医院。

（5）可对昏迷者针刺人中、十宣、涌泉等穴位。

（6）立即拨打 120 电话，迅速送往医院抢救。

2. 有机溶剂中毒应急措施

有机溶剂主要是指难溶于水的油脂、树脂、染料、蜡、烃类等有机化合物的液体，此类物质均可引起人体中毒。最常见的有苯、甲苯、二甲苯、汽油、正己烷、氯仿、氯乙烷、甲醇、乙醚、丙酮、二硫化碳等。

（1）发生中毒事故的区域特别是下风向的人员应尽快撤离或就地躲避在建筑物内。

（2）立即将病人移到空气新鲜的地方，脱去被污染的衣服，迅速用大量清水和肥皂水清洗被污染的皮肤，同时要注意保暖。眼睛被污染者，用清水至少持续冲洗 10 分钟。

（3）对呼吸、心跳停止者，应立即施行人工呼吸和胸外心脏按压，有条件的可肌肉注射呼吸兴奋剂等。

（4）对昏迷者，可针刺人中、十宣、涌泉等穴位。

（5）立即拨打 120 电话，迅速送往医院抢救和进行后续治疗。

3. 燃气中毒应急措施

在密闭的居室里使用煤炉取暖、做饭，使用燃气热水器长时间洗澡而又通风不畅时，容易发生燃气中毒事故。

（1）发现燃气泄漏时，应立即关闭气源，迅速打开门窗通风换气。但动作应轻缓，避免金属猛烈碰撞摩擦产生火花，引起爆炸。燃气泄漏时，千万不要开启或关闭任何电器设备，不要打开抽油烟机或排风扇排风，不要在充满燃气的房间内拨打电话，以免产生火花，引发爆炸。不要在室内停留，以防窒息、中毒。液化气罐着火时，应迅速用浸湿的毛巾、被褥、衣物扑压，并立即关闭液化气罐阀门。

（2）立即使病人脱离燃气泄漏环境，开窗通风并注意为病人保暖。

（3）让病人安静休息，尽量减少心肺负担和耗氧量。要让有自主呼吸能力的病人充分吸入氧气。

（4）对呼吸、心跳停止的病人，应立即采取心肺复苏救治措施，并拨打急救电话呼救。

4. 有机磷农药中毒应急措施

有机磷农药中毒是指有机磷农药经呼吸道、消化道或皮肤进入人体后，出现一系列中毒现象。如不及时抢救，死亡率极高。

（1）迅速脱离现场，转移至空气新鲜且通风良好处，并处在有毒环境的上风方向。

（2）眼睛被污染者，要用清水至少持续冲洗10分钟；经口服且神志清楚者，立即催吐、洗胃，越早越彻底越好。

（3）让昏迷者保持呼吸道通畅，取头侧位，以防分泌物及呕吐物堵塞气管引起窒息。

（4）立即拨打120电话，迅速送往医院抢救和进行后续治疗。防止病情反复或出现并发症。

5. 毒鼠强中毒应急措施

毒鼠强是一种毒性很强的灭鼠药，可经消化道、呼吸道吸收而引起中毒，其毒性剧烈，化学性质稳定，在植物体内的毒副作用可长期残留，对生态环境造成长期污染，被动物摄取后可以原毒物形式滞留在体内或排泄，从而导致二次中毒现象。

（1）中毒后应立即彻底洗胃、催吐、导泻，清除胃内毒物。

（2）患者抽搐时，应保护患者防止跌伤、肌肉撕裂、骨折或关节脱位等；背部应垫上衣物；为防止咬伤舌头，可用纱布缠压板塞入患者上、下齿之间，但注意不要造成舌后坠，以免影响呼吸。

（3）对呼吸、心跳停止者，应立即施行人工呼吸和胸外心脏按压。

（4）立即拨打 120 电话，迅速送往医院抢救并进行后续治疗。

6．食物中毒应急措施

食物中毒是指人摄入了含有毒有害物质的食物或把有毒有害物质当作食物摄入后出现的非传染性疾病。食物中毒可分为细菌性食物中毒、真菌性食物中毒和化学性食物中毒。

（1）出现食物中毒症状或者误食化学品时，应立即停止食用可疑食品，喝大量洁净水以稀释毒素，用筷子或手指伸向喉咙深处刺激咽喉部、舌根进行催吐，并及时就医。

（2）了解与病人一同进餐的人有无异常，并告知医生。

（3）向所在地疾病预防控制中心或卫生监督机构报告。

7．亚硝酸盐中毒应急措施

亚硝酸盐中毒事件几乎每年都有发生。国内所发生的亚硝酸盐中毒事件的原因，大多数是将亚硝酸盐误当食盐食用而引起。少部分是食用尚未腌制成熟或已经变质的腌菜及其他含有亚硝酸盐的食物、水导致的中毒，此类中毒一般症状较轻。

（1）让病人处于空气新鲜、通风良好的环境中，注意保暖。

（2）进食时间短的可以催吐。可用筷子或手指等轻轻刺激咽喉部，诱发呕吐。

（3）若病情严重，且中毒时间较长，应将病人速送医院进行抢救。

安全妙语"谨"上添花：

食物中毒危害大　　致病毒物要分清
对症迅速来施救　　人身安全有保障

七、传染性疾病应急

1. 流行性感冒应急措施

流行性感冒简称流感，由流感病毒引起，主要通过飞沫传播，是具有高度传染性的急性呼吸道传染病。流感发病快，传染性强，发病率高。

流感的症状重，发热多在38℃以上，且浑身酸痛、头痛症状明显，而呼吸道症状如咳嗽、流鼻涕则较轻。对于老年人、儿童、孕妇和体弱多病的人群，流感容易引发严重的并发症，甚至致人死亡。

（1）有流感症状时，要注意休息，多喝水，开窗通风。

（2）流感病人应与家人分餐。

（3）流感病人的擤鼻涕纸和吐痰纸要包好，扔进加盖的垃圾桶，或直接扔进抽水马桶用水冲走。

（4）流感病人应与家人，特别是老人和孩子分室居住。

（5）发生流感时，应尽量避免外出活动；不要去商场、影剧院等公共场所；必须出门时，应戴口罩。

（6）重病人应在医院隔离治疗。

2．病毒性肝炎应急措施

病毒性肝炎是由肝炎病毒引起的一种传染性疾病，分为甲、乙、丙、丁、戊5种类型。

甲型、戊型肝炎一般通过饮食传播。毛蚶、泥蚶、牡蛎、螃蟹等均可成为甲肝病毒携带物。乙型、丙型和丁型肝炎主要经血液、母婴和性传播。部分慢性乙型肝炎患者还可能发展为肝癌或肝硬化。

病毒性肝炎的主要症状是身体疲乏、食欲减退、恶心、腹胀、肝脾肿大及肝功能异常，部分病人可能出现黄疸。乙肝、丙肝病毒携带者也可能无任何肝炎症状。

（1）肝炎病人自发病之日起必须进行3周的隔离治疗。

（2）从事食品加工和销售、水源管理、托幼保教工作的肝炎病人，应暂时调离工作岗位。

（3）对肝炎病人用过的餐具要消毒，应在开水中煮15分钟以上。

（4）不要与肝炎病人共用生活用品，对其使用过或接触过的公共物品和生活物品要消毒。

（5）如与肝炎病人共用同一个厕所，要用消毒液或漂白粉对便池消毒。

（6）不要与乙型、丙型、丁型肝炎病人及病毒携带者共用剃刀、牙具；不要与乙肝病人发生性关系，如发生性关系时，要使用避孕套。

3. 流行性出血性结膜炎（红眼病）应急措施

流行性出血性结膜炎，俗称红眼病，是由病毒引起的急性传染性眼炎。它的主要症状是眼部充血肿胀，有异物感，眼部分泌物增多。

（1）患上红眼病应及时就诊，并告知他人注意预防。

（2）不与红眼病人共用毛巾及脸盆。

（3）红眼病人应尽量不去人群聚集的商场、游泳池、公共浴池、工作单位等公共场所。

（4）可以使用抗病毒的滴眼液治疗。

（5）红眼病人使用的毛巾，要用蒸煮15分钟的方法进行消毒。

（6）红眼病人接触过的公共物品，要用含氯消毒剂进行消毒。

（7）当学校等人群聚集的场所发现红眼病患者时，应及时报告当地疾病预防控制中心。

4. 非典型性肺炎应急措施

非典型性肺炎（SARS）是一种由新型冠状病毒引起的严重急性呼吸道综合征。主要通过近距离呼吸道飞沫、直接接触病人呼吸道分泌物及密切接触传播。

非典型性肺炎的症状是发热、干咳、呼吸急促、呼吸困难等。该病的症状与流感和肺炎不易区别，如不及时治疗，会导致病人死亡。

（1）出现上述症状应及时就医。一旦确诊，需要住院并隔离治疗。

（2）配合流行性疾病调查人员做好相关调查。

（3）家庭居室和办公室要经常开窗通风。避免在商场、影剧院等通风不畅和人员聚集的地方长时间停留。

5．登革热应急措施

登革热是一种由登革热病毒引起的经蚊子传播的急性传染病。病人发病急，高热，全身肌肉、骨骼及关节疼痛，极度疲乏，部分病人有皮疹、出血倾向和淋巴结肿大的症状。

（1）出现上述症状应及时到当地医疗机构就诊。

（2）配合有关部门做好流行病学调查及应急处置工作。

（3）少去或不去登革热流行地区旅游。

6．霍乱的应急措施

霍乱是一种以腹泻、呕吐为主要症状的烈性肠道传染病（俗称2号病）。霍乱病人的症状表现为腹泻和呕吐，继而出现脱水及电解质紊乱，严重者会危及生命。

（1）出现类似霍乱的症状时，应立即到附近医院就诊。

（2）确诊病人应向医务人员如实提供进餐地点、所用食物和共同进餐的其他人员名单。

（3）确诊病人要在医院接受隔离治疗。

7．狂犬病应急措施

狂犬病是一种由狂犬病毒引起的急性传染病，一旦发病无法救治，病死率达100%。狂犬病的典型症状是发烧、头痛、恐水、怕风、四肢抽搐、喉肌痉挛、牙关紧闭等。

（1）被狗、猫等动物抓伤、咬伤后，应立刻接种狂犬病疫苗。第1次注射狂犬病疫苗的最佳时间是被咬伤后的24小时内；之后，第3天、第7天、第14天和第28天再各注射一次。

（2）被狗、猫等动物咬伤、抓伤后，首先要挤出污血，用浓度为3%～5%的肥皂水反复冲洗伤口；然后用清水冲洗干净，伤口至少要冲洗20分钟；最后涂擦浓度为75%的酒精或者浓度为2%～5%的碘酒。只要未伤及大血管，切记不要包扎伤口。

（3）如果一处或多处皮肤形成穿透性咬伤，伤口被犬的唾液污染，必须立刻注射疫苗和抗狂犬病血清。

（4）将攻击人的宠物暂时单独隔离，应立即带到附近的动物医院诊断，并向动物防疫部门报告。

8．流行性出血热应急措施

流行性出血热是一种由汉坦病毒引起的自然疫源性疾病。早期症状是发热，"三痛"（头痛、腰痛、眼眶痛），"三红"（颜面、颈、上胸部潮红），皮肤黏膜出血及肾脏损伤等。

（1）出现上述症状应及时到医院就诊，确诊后立即进行隔离治疗。

（2）对病人用过、接触过的物品进行消毒。

（3）与病人有过接触者，发现不适应立即去医院就诊。

9．鼠疫应急措施

鼠疫是一种严重威胁人类健康和生命安全的烈性传染病（俗

称 1 号病）。其病原体是耶尔森菌。其症状表现为突发高热，伴有颜面潮红，结膜充血，恶心呕吐，头和四肢疼痛，皮肤、黏膜出血。病情加重可出现意识模糊、言语不清、步态蹒跚、衰竭和血压下降等症状。

（1）如人体出现不明原因的高热，淋巴结肿大、疼痛，咳嗽，咳血痰等症状，应立即到医院就诊。一旦确诊为鼠疫，应立即将病人隔离。

（2）由专业人员对病人用过、接触过的物品及房间进行消毒。

10. 脑膜炎应急措施

脑膜炎是儿童中枢神经感染中最为常见的一种疾病，是由病毒或细菌感染所致。

病毒性脑膜炎的症状非常轻微，细菌性脑膜炎的症状较重。主要表现为突发高热，剧烈头痛，频繁呕吐，颈项僵硬等症状。

（1）出现上述症状时，应及时就诊。

（2）避免在商场、影剧院等通风不畅和人员聚集的地方长时间停留。

（3）配合相关部门做好流行病学调查及现场处置等工作。

11. 艾滋病应急措施

艾滋病的英文缩写为 AIDS，是由人类免疫缺陷病毒（即 HIV）引起的一种致死性传染病。

（1）艾滋病是通过性行为、血液及母婴三种途径传播的。

（2）艾滋病的潜伏期为 2～10 年，其临床表现多种多样。

（3）低热、淋巴结肿大。淋巴结肿大多发生在大腿根、腋窝

和脖子两侧等处，无触痛。

（4）体质下降常表现为容易感冒、容易疲劳、食欲不振、腹泻、体重下降等。

（5）神经系统症状主要表现为头晕、头痛等。

（6）各种病原体导致的继发性感染可表现为肺炎、食管炎、食管溃疡、胃肠炎等。

（7）肿痛。如卡氏肉瘤、淋巴瘤等。

（8）不慎与别人共用针管（头）以及与不熟悉的异性发生没有保护措施的性行为后，要及时到当地医疗卫生机构检查。

（9）配合流行病学调查人员做好相关调查。

（10）感染艾滋病病毒的妇女要慎重怀孕，避免母婴垂直传播艾滋病。

> 安全妙语"谨"上添花：
>
> 传染疾病莫小看　　急性发作要人命
> 相关常识需了解　　健康生活保平安

八、动物疫情应急

1. 禽流感应急措施

禽流感是禽类流行性感冒的简称，它是由甲型流感毒引起的一种人禽共患的急性传染病。根据其致病性不同，禽流感可分为高致病性、低致病性和非致病性三大类。高致病性禽流感发病率和死亡率都非常高。早期症状与其他流行性感冒非常相似，主要表现为发热、流涕、鼻塞、咳嗽、咽痛、头痛、全身不适。部分病人可伴有恶心、腹泻、腹痛、稀水样便等消化道症状。体温多持续在39℃以上。一旦引起病毒性肺炎，可致多脏器功能衰竭，病死率高。

（1）出现上述症状时应及时到当地医疗机构就诊。

（2）配合相关部门做好流行病学调查、现场消毒及标本采集等工作。

（3）配合相关部门做好病禽捕杀和免疫接种工作。

（4）进出禽流感疫区时，要做好防护工作。

2．炭疽病应急措施

炭疽病是由炭疽芽孢杆菌引起的一种人畜共患的急性传染病。世界动物卫生组织将其列为二类动物传染病。

家畜患炭疽病表现为最急性型、急性型、亚急性型和较少发生的慢性型。最急性型和急性型动物死前常无任何临床表现。亚急性型表现为进行性发热、精神不振、厌食、虚弱、衰竭、死亡。

慢性型表现为局灶性肿胀、发热、淋巴结肿大，若呼吸道阻塞可引起死亡。最常见的病变为全身性败血症、脾脏肿大呈黑色酱油样、血液凝固不全。死亡时常见鼻、口或肛门出血。人表现为皮肤上和肠道上长结节。

（1）当地动物防疫监督机构接到疑似炭疽病疫情报告后，应及时派有关人员到现场进行流行病学调查和临床检查。

（2）采集病料送符合规定的实验室检验和诊断，并立即隔离疑似患病动物及同群动物，限制活动。

3. 口蹄疫应急措施

口蹄疫是由口蹄疫病毒引起偶蹄兽的一种急性、烈性、高度接触性传染病，其特征是患病动物的蹄、口腔黏膜以及乳房等部位发生水泡、破溃形成烂斑。世界动物卫生组织将其列为一类动物传染病。典型口蹄疫的症状是发热、口腔黏膜和乳房以及蹄部皮肤上出现水泡，在其他部位，如鼻端和四肢受挤压部位（尤其是猪）也出现水泡。

临床症状的严重程度随毒株、感染剂量、动物年龄和品种、宿主的种类和免疫程度的不同而异，从温和型或隐性感染到严重暴发，有的可能导致死亡。幼畜常因多发性心肌炎而死亡，成年动物偶尔也有死亡。

（1）发现患有此病或者疑似此病的动物，应及时向当地动物防疫监督机构报告。

（2）动物防疫监督机构接到疫情报告后，立即派2人以上具备相关资格的防疫人员到现场调查核实，根据流行病学和典型临床症状，确认为疑似疫情的，要将疑似病料送到省级实验室进行检验和诊断。

（3）确诊的疫情应在2小时内逐级上报至省级动物防疫监督机构，并报告当地畜牧兽医行政主管部门。

（4）畜牧兽医行政主管部门按程序对疫情进行处置。

4. 猪链球菌病应急措施

猪链球菌病是由猪链球菌感染引起的一种人畜共患病，人主要通过皮肤伤口感染病菌而发病，严重的可能会导致患者死亡。

第五章 | 意外事故别慌张　应急救援帮大忙

人感染猪链球菌病会出现畏寒、高热、头痛、呕吐，皮肤有出血点、瘀点、瘀斑等。

（1）出现上述症状时，应及时就医。

（2）配合相关部门做好流行病学调查等工作。

（3）对猪链球菌病病猪污染的猪舍、污染物及其环境要彻底消毒。

（4）做好病死猪的深埋、焚烧等工作。

（5）发生疫情的地区和猪场应及时进行疫苗接种。

安全妙语"谨"上添花：

动物疫情有危害　　人畜互传难防备
注意卫生不接触　　病死家畜要深埋

九、公共聚集场所突发事故应急

1. 公众场所险情应急措施

人员稠密的公共场所或集会，如灯会、公园、商场、体育场馆、影剧院、歌舞厅、网吧等，一旦发生事故容易造成混乱，后果不堪设想。

（1）发生拥挤或遇到紧急情况时，应保持镇定，在相对安全的地点短暂停留。

（2）注意收听广播，服从现场工作人员引导，尽快从就近的安全出口有序撤离，切勿逆着人流行进或抄近路。

（3）在人群中不小心跌倒时，应立即收缩身体，紧抱着头，最大限度地减少伤害。

第五章 | 意外事故别慌张　应急救援帮大忙

2. 游乐设施事故应急措施

游乐设施是指在特定区域内运行、承载游客游乐的载体，一般为机械、电气、液压等系统的组合体。游乐设施产生故障时会造成游客恐慌、被困以及其他危险事故。常见故障有突然停机、机械断裂、高空坠落等。

（1）在游玩过程中出现身体不适、感到难以承受时应及时大声提醒工作人员停机。

（2）出现非正常情况停机时，千万不要乱动和自己解除安全装置，应保持镇定，听从工作人员的指挥，等待救援。

（3）出现意外伤亡等紧急情况时，切忌恐慌、起哄、拥挤，应及时组织人员疏散、撤离。

3. 人防工程险情应急措施

人防工程是封闭的，一旦出现火灾，高温、烟雾或毒气会迅速充满地下空间；另外，还会因排水不畅造成雨水倒灌；有的人防工程容易发生下沉、坍塌事故。

（1）在人防工程内遇到火灾时，应用衣物、手帕等捂住口鼻，放低身体姿势、快速有序地沿着地面或侧墙有安全疏散指示标志的方向疏散。

（2）若被火灾困在人防工程内，应通过不断敲打水管或打电话等方法进行呼救；在有采光窗井的地方，可进入窗井向外界呼救。

（3）发生险情后应听从工作人员的指挥。

（4）人防工程如发生雨水倒灌，应及时关闭下水管阀门。

4．危险化学品事故应急措施

危险化学品是指天然气、液化石油气、管道煤气、香蕉水、油漆稀释剂、汽油、苯、甲醇、氯乙烯、液氯（氯气）、液氨（氨、氨水）、二氧化硫、一氧化碳、氟化氢、过氧化物、氰化物、黄磷、三氧化磷、强酸、强碱、农药杀虫剂等。

（1）**呼吸防护**　在确认发生毒气泄漏或危险化学品事故后，应马上用手帕、纸巾、衣物等随手可及的物品捂住口鼻。手头如有水或饮料，应把手帕、衣物等浸湿。最好能及时戴上防毒面具、防毒口罩。

（2）**撤离**　判断毒源与风向，沿上风或侧上风路线，朝着远离毒源的方向迅速撤离现场。

（3）**清洗**　到达安全地点后，要及时脱去被污染的衣服，用流动的水冲洗身体，特别是裸露的部分。

（4）**救治**　迅速拨打120急救电话，将中毒人员及早送往医院救治。中毒人员在等待救援时应保持平静，避免剧烈运动，以免加重心肺负担，致使病情恶化。

5．烟花爆竹燃放事故应急措施

烟花爆竹统称花炮。是以烟火药为原料制成的，通过着火源的作用燃烧或爆炸并伴有声、光、色、烟雾等效果的工艺品。烟花爆竹燃放事故的发生，是某些人在燃放烟花爆竹过程中，缺乏基本的燃放常识，盲目操作造成的。

受伤人员应立即就近到医疗机构进行救治。

第五章 | 意外事故别慌张　应急救援帮大忙

6. 环境污染事故应急措施

环境污染事故分为水污染事故、大气污染事故、固体废物污染事故、放射性污染事故等。

（1）在确定事故现场使用手机或电话没有危险的情况下，立即拨打12369、119、110或当地环保部门电话，说明事发详细地点、区域和污染现象及联系人电话号码。

（2）视污染事故现场情况，及时稳妥地安置好污染事故影响地区的老、弱、病、残和中毒人员。

（3）不要在现场围观、不要惊慌失措、不要传播谣言。

（4）发现有毒气体时，居民尽量向上风向转移，发现中毒者应立即将其移至空气新鲜处，并及时向当地医疗急救中心和有关

部门报告。

（5）发现有毒化学品时，应及时将中毒者转移至安全地带或送往医院抢救。当苯、甲苯等液体类有毒化学品大量泄漏时严禁使用自来水冲洗，应使用沙土、泥块或适合的吸附剂吸附，防止污染蔓延。

（6）发现腐蚀性污染物时，应采用中和的办法，如盐酸、硫酸可用石灰进行中和处理；一般碱性腐蚀污染物用乙酸进行处理。同时，处置人员需穿戴好防护用品。

（7）发现有放射性污染时，应立即远离污染现场，并拨打110或119电话报警。

安全妙语"谨"上添花：

公共场所有隐患　　人多拥挤易踩踏
群体事故危害广　　及时预防保安全

十、交通事故应急

1. 道路交通事故应急措施

道路交通事故是指车辆在道路上因司机过失或者意外造成的人身伤亡或者财产损失的事故。

（1）遇到道路交通事故，不要惊慌失措，要保持冷静，利用电话、手机拨打122交通事故报警电话（高速公路发生交通事故应拨打12122）和120急救中心报警电话。

（2）报警时要讲清发生交通事故的时间、地点及事故的大致情况；在交通警察到来前，要保护好现场，不要移动现场物品；交通事故造成人员伤亡时，当事人不要与对方私了，以免事后伤情恶化，后患无穷；遇到肇事车主逃逸的情况时，要记下车牌号码、车身颜色及特征，及时向当地公安机关举报，为侦破工作提供依据和线索。

（3）机动车在高速公路上发生故障或交通事故时，应在故障车来车方向150米以外设置警告标志，车上人员应迅速转移到右侧路肩上或应急车道内，并迅速报警。

（4）遇有交通人身伤亡事故时，在无人救助的情况下，要尽可能将伤者移至安全地带，以免再次受伤；暴露的伤口要尽可能先用干净布覆盖，再进行包扎，以保护好伤口；利用身边现有的材料如三角巾、手绢、布条折成条状缠绕在伤口上方，用力勒紧，可以起到止血作用。

2. 铁路交通事故应急措施

铁路交通安全事故是指铁路在运营过程中发生的各种事故，包括铁路行车事故、路外伤亡事故及其他运营事故。

（1）机动车在铁路道口内发生故障或装载货物掉落时，应将车辆或掉落的物品移至铁道线路最外侧钢轨5米以外的安全地段；若无法移动的，应立即报告铁路道口工作人员采取措施拦停列车；在无人看守的道口处，应立即在道口两端采取措施拦停列车，并通知临近铁路车站采取紧急措施。

（2）发现意外情况危及列车安全时，应迎向来车方向（无法判明来车方向时应向两端方向）距离意外发生地点800米以上，向列车明示红色信号（白天为红旗，夜间为红灯；无红色信号灯时，可用红色物品代替信号灯，两臂高举过头向上两侧快速摆动）。

（3）旅客列车发生火灾、爆炸事故时应立即停车，疏散旅客，并迅速扑救，切断火源和爆炸源，设置防护栏，报告救援情况，抢救伤员，保护现场。

（4）危险货物罐车发生泄漏或火灾时，应立即拨打110或119电话报警，并报告现场情况，同时向逆风方向疏散现场人员，有条件时应采取措施防止危险货物流入河川。如果是可燃气体或易燃液体发生泄漏，则应迅速隔断火源，禁止一切火种在现场使用。

3．水上交通事故应急措施

水上交通事故是指船舶、浮动设施在海洋、沿海水域和内河通航水域发生的交通事故，包括碰撞事故、搁浅事故、触礁事故、触损事故、浪损事故、火灾、爆炸、风灾事故、自沉事故、其他造成人员伤亡和直接经济损失的交通事故。

（1）船舶遇险时，要保持冷静，听从船上工作人员的指挥。

（2）船上如有救生衣、救生圈，要迅速拿上穿好，没有救生衣可用其他漂浮物体作为救生用具，要尽可能向水面抛投漂浮物，如大块泡沫、空木箱、船舱木板、木凳等。

（3）当船上发生火灾时，要用湿毛巾或湿的棉织品捂住口鼻，向起火的上风位置逃避烟火，在上风（即迎风）一侧下水逃生。

（4）若船只正在下沉，千万不要在倾倒的一侧下水，以防被船体压入水下，如果船体尾部先下沉，应逃到船头处下水。

（5）跳水逃生前不要慌张，要先观察船只及周围情况，再避开水上漂流的硬物。

（6）穿救生衣跳水，要双臂交叠在胸前，压住救生衣，跳水时要深吸一口气，用手捂住口鼻，眼望前方，双腿并拢伸直，脚先下水，不要向下望，防止身体向前扑进水里而受伤。

（7）落水后向下沉时，要保持镇定，紧闭嘴唇，咬紧牙齿屏住气，不要在水中拼命挣扎，应仰起头，使身体倾斜，保持这种姿态，就可以慢慢浮出水面。

（8）浮上水面后，不要将手举出水面，要放在水面下划水，使头部保持在水面上，以便呼吸空气。如有可能，应脱掉鞋子和身上的重物，寻找漂浮物并牢牢抓住。

（9）不要离出事船只太远，要通过各种方式（呼喊或摇动色彩鲜艳的衣物）向岸上发出求救信号，并有规律地划水，慢慢向岸边游动；若水流很急，应顺着水流游向下游岸边；若河流弯曲，应游向内弯水浅、河水流速较慢处上岸或等待救援。

（10）木质船舶翻船后，一般不会下沉，人被抛入水中后，应立即抓住船舶并设法爬到翻扣的船底上，等待救助。其他非木质船翻了会下沉，但有时船翻后，因船舱中有大量空气而漂浮在水面上，这时不要将船翻正过来，要尽量使其保持平衡，避免使空气跑掉，并设法抓住翻扣的船只，以等待救援。

（11）穿救生衣要注意保持体温，最好的姿势是双脚并拢弯曲至胸前，两肘紧贴身体两侧，交叉放在救生衣上，使头部露出水面。

4. 民用飞机航空事故应急措施

民用飞机航空事故是指民用飞机航空系统所处的一种紧急状态，在这种状态中，人员及设备有受到伤害或损坏的危险。

（1）遇到空中减压，应立即戴上氧气面罩。

（2）飞机紧急着陆或迫降时，应保持正确的姿势：弯腰，双手在膝盖下握住，头放在膝盖上，两脚前伸紧贴地板。

（3）飞机失事前的预兆：机身颠簸、飞行高度急剧下降、机舱内出现烟雾、机身外出现黑烟、发动机关闭、正常飞行中一直伴随的飞机轰鸣声消失、高空飞行时发出一声巨响、舱内尘土飞扬等。

（4）舱内出现烟雾时，一定要把头弯到尽可能低的位置，先屏住呼吸，用浸湿的毛巾或手帕捂住口鼻后再呼吸，弯腰或爬行到出口处。

（5）若飞机在海洋上空失事，要立即穿上救生衣。

（6）在飞机撞击地面产生轰响的瞬间，要迅速解开安全带，朝着外面有亮光的出口全力逃跑。

（7）飞机紧急着陆迫降后，在机上人员与设备基本完好的情况下，要听从工作人员指挥，迅速而有秩序地从紧急出口滑落到地面。

安全妙语"谨"上添花：

交通事故有先兆　　精神集中应对好
逃生常识记心中　　出行安全有保障

第二节　常用现场急救常识

一、触电现场急救措施

触电也称为电击，是一定电流或电能量通过人体所引起的电损伤。误触电路或使用漏电设备以及火灾、地震和大风灾害等导致漏电,都是造成触电的主要原因。

1. 发现有人触电后,应立即关闭开关、切断电源。若无法及时断开电源,可用干木棒、皮带、橡胶制品等绝缘物品挑开触电者身上的带电物品。

2. 立即拨打报警、急救电话。

3. 解开妨碍触电者呼吸的紧身衣服,检查触电者的口腔,清理口腔黏液。如有假牙,则应取下。

4. 立即就地进行抢救。若触电者呼吸停止,应采用口对口人工呼吸法抢救;若触电者心脏停止跳动,应进行人工胸外心脏按压抢救。

5. 如有电烧伤的伤口,应包扎后到医院就诊。

安全妙语"谨"上添花：

清理口腔除黏液　　呼吸畅通利施救
心脏复苏要坚持　　包扎伤口速送医

二、猝死濒危现场急救措施

猝死是指人在正常工作、生活或运动时，自然发生、出乎意料地突然死亡。猝死最常见的原因是冠心病、急性心肌梗死和心律失常。

1. 立即就地将病人平放在硬板上或地上，采取心肺复苏法进行抢救，同时拨打120急救电话。

2. 施救者可用食指及中指指尖触及病人喉部气管正中部位（对男病人可先触及喉结），然后向施救者自身方向滑移2～3厘米，在气管旁软组织处轻轻触摸颈部动脉，检查有无搏动。检查时间不要超过10秒。注意不要用力过大，不要同时触摸两侧颈部动脉，不要压迫气管。

3. 紧急服用急救药物。对心绞痛病人，可舌下含服硝酸甘油或服用硝酸异山梨酯（消心痛）、速效救心丸等。

安全妙语"谨"上添花：

猝死原因在心脏　　现场急救莫乱动
迅速召唤救护车　　急救药物要跟上

三、毒蛇咬伤现场急救措施

毒蛇的口内有一毒腺，通过排毒管与毒牙相连，当毒蛇咬人时便把毒腺内的蛇毒素注入人体组织。蛇毒按其性质可分为神经毒、血液循环毒、混合毒三大类。一旦被毒蛇咬伤，应采取以下措施：

1．绑扎伤肢

伤者应立即坐下或卧下，放低被咬的肢体，迅速用鞋带、腰带之类的绳子绑扎伤口的近心端，若手指被咬伤可绑扎指根；手掌或前臂被咬伤可绑扎肘关节；脚趾被咬伤可绑扎趾根部；足部或小腿被咬伤可绑扎大腿根部。然后用手挤压伤口周围，或用工具吸，将毒液排出体外。绑扎部位每15～30分钟放松1～2分钟，绑扎时间一般不超过2小时，以避免肢体缺血坏死。

2．清洗伤口

立即用凉开水、泉水、肥皂水或1∶5 000的高锰酸钾溶液冲洗伤口及周围皮肤，洗去伤口外表的毒液。

3．切开伤口排毒

如果伤口内有毒牙残留，应迅速挑出，用小刀或碎玻璃片或其他尖锐物（使用前须用火烧一下消毒），以牙痕为中心十字切开，深至皮下，然后用手从肢体的近心端向伤口方向及伤口周围反复挤压，迫使毒液从切开的伤口排出体外，边挤压边用清水冲洗伤口、冲洗、挤压排毒须持续进行20～30分钟。此后，如果随身带有茶杯可对伤口做拔火罐处理。处理的方法是先在茶杯内点燃一小团纸,然后迅速将杯口扣在伤口上,使杯口紧贴伤口周围皮肤,利用杯内产生的负压吸出毒液。如无茶杯,也可用嘴吮吸伤口排毒,但吮吸者的口腔、嘴唇必须无破损、无龋齿,否则有中毒的危险。吸出的毒液随即吐掉,吸后要用清水漱口。

4. 局部降温

排吸毒液后,用冷水局部冷敷降温。如果有条件,最好先将伤肢浸于4～7℃的冷水中3～4小时,然后改用冰袋或冷毛巾在伤处及四周冷敷,以减缓人体吸收毒素的速度。

5. 口服蛇药

若身边备有蛇药可立即口服以解内毒。伤者口渴时可以喝水,但不要饮酒或喝浓茶、咖啡等兴奋性饮料。

6. 打电话求助

拨打120急救电话求救,紧急送往医院治疗。

安全妙语"谨"上添花:

毒蛇咬伤要急救　　扎紧伤口排毒液
配备蛇药及时用　　紧急送医好治疗

四、骨折现场急救措施

骨折在平时或运动时都可能发生,骨折可分为外伤性和病理性两大类，外伤性骨折较为常见。一旦发生骨折，应采取以下措施：

1. 用双手稳定及承托受伤部位，限制骨折处的活动，并放置软垫，用绷带、夹板或替代品妥善固定伤肢。

2. 如果上肢受伤，则将伤肢固定于胸部；前臂受伤可用书本等托起悬吊于颈部，起临时保护作用；下肢骨折时不要尝试站立，应将受伤肢体与健康肢体并拢，用宽带绑扎在一起；脊柱骨折应将病人放于担架上，平卧搬运，不要让病人在弯腰姿势下被搬动，以免损伤脊髓。

3. 应垫高伤肢，减轻肿胀。

4. 若伤肢已扭曲，可用牵引法将伤肢沿骨骼轴心轻轻拉直；若牵引时引起伤者剧痛或皮肤变白，应立即停止。

5. 完成包扎后，若伤者出现伤肢麻痹或脉搏消失等情况，应立即松解绷带。

6. 若伤口中已有脏物，不要用水冲洗，不要使用药物，也不要试图将裸露在伤口外的断骨复位。应在伤口上覆盖灭菌纱布，然后适度包扎固定。

7. 若伤口中已嵌入异物，不要拔除。可在异物两旁加上敷料，直接压迫止血，并将受伤部位抬高，在异物周围用绷带包扎。注意千万不要将异物压入伤口，造成更大伤害。

8. 拨打120急救电话求救。

安全妙语"谨"上添花：

骨折创伤要固定　　搬动注意护脊柱
裸露断骨不乱动　　临时包扎速送医

五、呼吸道异物阻塞现场急救措施

呼吸道异物阻塞是指食物或异物进入呼吸道引起的呼吸道阻塞或障碍。如果呼吸道阻塞状况不能及时解除,病人将发生完全性的呼吸和心跳停止。如果发生呼吸道异物阻塞,应采取以下措施:

1. 救护者可站在病人身后,用双手抱住病人的腰部,一手握拳,拇指的一侧抵住病人的上腹部剑突下、肚脐稍上处,另一只手压住握拳的手,两手用力在病人腹部做快速向内上方向的挤压动作。

2. 当病人意识不清、昏迷倒地时,救护者应面向病人,两腿分开跪在病人身体两侧,双手叠放,下面的手掌根放在病人的上腹部剑突下、肚脐稍上处,朝病人上腹部做快速向内上方向的挤压动作。

3. 婴幼儿呼吸道被异物阻塞时,须将患儿面朝下,头部低于身体,放在救护者的前臂上,再将前臂支撑在大腿上方,用同一只手支撑患儿的头、颈及胸部,用另一只手拍击患儿两肩胛骨之间的背部,使其吐出异物。如果以上方法无效,可将患儿翻转过来,面朝上,放在大腿上,托住其背部,头低于身体,用食指和中指猛压其下胸部(两乳头连线中点下方一横指处),反复交替进行拍背和胸部挤压,直到异物排出。

4. 对呼吸停止者,排出异物后应做口对口人工呼吸。

安全妙语"谨"上添花:

呼吸堵塞事态急　　需要专业救护员
急救过程要记清　　挽救生命在瞬间

六、溺水现场急救措施

溺水是指被水淹的人由于呼吸道遇水受到刺激而发生痉挛、收缩梗阻,造成窒息和缺氧,需要紧急抢救。

1. 发现溺水者后应尽快将其救出水面,但如果施救者不懂得水中施救方法和不了解现场水情,则不可轻易下水,应充分利用现场器材,如绳、竿、救生圈等救人。

2. 将溺水者平放在地面,迅速撬开其口腔,清除口腔和鼻腔中的异物,如淤泥、杂草等,使其呼吸道保持通畅。

3. 倒出腹腔内吸入物,但要注意不可一味倒水而延误抢救时间。倒水的方法:将溺水者置于抢救者屈膝的大腿上,头部朝下,按压其背部迫使溺水者将胃里的吸入物排出。

4. 当溺水者呼吸停止或极为微弱时,应立即实施人工呼吸法,必要时采用胸外心脏按压术救治。

安全妙语"谨"上添花:

快速救人出水面　　清理口鼻呼吸畅
拍背吐出吸入物　　心脏按压保性命

七、烫伤与烧伤现场急救措施

烫伤和烧伤事故常见于日常生活中,尤其是3岁以下儿童的烧伤事故更为多见,如能及时采取救助手段,可有效减缓伤害程度。

1. 烫伤后,要迅速除去热源,离开现场,在第一时间用清水冲洗伤口10分钟以上。若烫伤较轻无伤口，可用獾油、烫伤药膏或牙膏涂在患处。

2. 对烧伤者，在隔断热源后，应尽量使其呼吸畅通，然后小心地除去伤者创面及周围的衣物、皮带、手表、项链、戒指、鞋等。对粘在创面上的衣物等，应先用冷水降温后，再慢慢地除去。

3. 当遇到严重烫伤或烧伤病人时，应用敷料（如清洁的布料等）遮盖伤处，并立即送往医院救治。

安全妙语"谨"上添花：

烫伤先用冷水冲　　及时敷药缓疼痛
保持患者呼吸畅　　烧伤严重急送医

八、心跳、呼吸骤停现场急救措施

对心跳、呼吸骤停的急救，简称心肺复苏，通常采用人工胸外挤压和口对口人工呼吸方法。

1. 急救前，均应先拨打120急救电话。

2. 抢救前，施救者首先要确保现场安全，并确定病人呼吸、脉搏确实停止，然后再施行救助。

3. 施救者先使病人仰面平卧于坚实的平面上，然后将自己的两腿自然分开，与肩同宽，跪于病人肩与腰之间的一侧。

4. 人工呼吸方法：一手捏住病人鼻翼两侧，用另一手的食指与中指抬起患者下颌，深吸一口气，用口对准病人的口吹入，吹气停止后放松病人的鼻孔，让病人从鼻孔呼气。依此反复进行。

成年病人每分钟14～16次,儿童每分钟20次。最初的6～7次吹气可快一些,以后转为正常速度。同时要注意观察病人的胸部,操作正确应能看到胸部有起伏,并感到有气流逸出。

5. 胸外心脏按压:让病人的头、胸部处于同一水平面,最好躺在坚硬的地面上。抢救者左手掌根部放在病人的胸骨中下半部,右手掌重叠放在左手背上。手臂伸直,利用身体部分重量垂直下压胸腔3～5厘米(儿童3厘米,婴儿2厘米),然后放松。放松时手掌根部不要离开病人的胸腔。挤压要平稳、有规律、不间断,也不能冲击猛压。下压与放松的时间应大致相等。频率为成人每分钟80～100次,儿童每分钟100次,婴儿每分钟120次。

安全妙语"谨"上添花:

一呼二摸三听声　　四看瞳孔五人中
六两捶胸七抬颈　　八清口腔九吹气
第十按压心肺处　　复苏口诀记心中

九、胸腹外伤现场急救措施

当发生利器刺入胸、腹部或肠管外脱事故时,不能随意处理,以免因出血过多或脏器严重感染而危及伤者生命。

1. 对已经刺入胸、腹部的利器,千万不要自行取出。应就近找东西固定利器,并立即将伤者送往医院。

2. 因腹部外伤造成肠管脱出体外时,千万不要将脱出的肠管送回腹腔。应在脱出的肠管上覆盖消毒纱布或消毒布类,再用

干净的碗或盆扣在伤口上,用绷带或布带固定,再迅速送往医院抢救。

3. 及时拨打120急救电话。

> **安全妙语"谨"上添花:**
>
> 刺入利器莫拔出　　固定位置急送医
> 肠管脱落不送回　　干净容器覆盖住

十、眼灼伤现场急救措施

各种化学物品的溶液或粉尘意外进入眼内,或不慎接触到强刺激性的化学气体,都有可能引起眼灼伤。

1. 眼睛被化学物品灼伤后,应尽快用大量清水(如自来水、蒸馏水)冲洗眼睛。

2. 冲洗时不要溅到未受伤的眼睛中。

3. 可以把整个面部泡在水里,连续做睁眼和闭眼的动作。

4. 冲洗后,用清洁敷料覆盖,保护伤眼,并迅速前往医院诊治。

> **安全妙语"谨"上添花:**
>
> 眼部灼伤需冲水　　清洗伤眼要仔细
> 简单敷料包扎好　　立刻送医勿耽搁